建设行业专业技术人员继续教育培训教材

城市规划管理信息系统

建设部人事教育司
建设部科学技术司
建设部科技发展促进中心

中国建筑工业出版社

图书在版编目（CIP）数据

城市规划管理信息系统／建设部人事教育司，建设部科学技术司，建设部科技发展促进中心．—北京：中国建筑工业出版社，2005

（建设行业专业技术人员继续教育培训教材）

ISBN 7-112-07910-1

Ⅰ．城… Ⅱ．①建… ②建… ③建… Ⅲ．城市规划—城市管理—管理信息系统—技术培训—教材 Ⅳ．TU984-39

中国版本图书馆 CIP 数据核字（2005）第 118825 号

建设行业专业技术人员继续教育培训教材

城市规划管理信息系统

建设部人事教育司

建设部科学技术司

建设部科技发展促进中心

*

中国建筑工业出版社出版、发行（北京西郊百万庄）

新 华 书 店 经 销

北京文思莱制版公司制版

北京云浩印刷有限责任公司印刷

*

开本：787×1092 毫米 1/16 印张：6½ 字数：158 千字

2005 年 11 月第一版 2005 年 11 月第一次印刷

印数：1—3000 册 定价：**11.00** 元

ISBN 7-112-07910-1

（13864）

本社网址：http://www.cabp.com.cn

网上书店：http://www.china-building.com.cn

随着信息技术的日益发展和深入应用，整个社会的信息化工程日益突显，特别是作为国民经济和社会发展关键环节的城市信息化更是成为一项战略工作。而在整个城市信息化（或者说数字城市）工程中，城市规划建设又是重中之重，而城市规划管理信息系统则在城市规划建设中起着举足轻重的作用。

本书重点围绕城市规划管理信息系统展开，核心讨论城市规划管理信息系统的一些基本功能及操作方法。全书共分4章。第1章概述，阐述了城市规划管理信息系统的发展、城市规划管理信息系统在城市建设中的重大意义；第2章介绍了城市规划管理信息系统2000版的设计思想；第3章详细讲解了城市规划管理信息系统2000版（简称规管2000）的业务操作，对于案卷的接件、填表、作图、流程批转、领导监控、办结存档等各个功能都作了介绍；第4章简要介绍城市规划管理信息系统的应用实例。

本书可为从事城市规划管理、城市信息化建设管理、数字城市及各相关领域的管理者和城建领域的应用者提供借鉴。同时可作为具有初级技术职称以上的工程技术人员和管理人员的继续教育培训教材使用。

* * *

责任编辑：俞辉群
责任设计：郑秋菊
责任校对：刘　梅　王金珠

《建设部第二批新技术、新成果、新规范培训教材》编委会

《城市规划管理信息系统》编审人员名单

主　编　梁　松
副主编　阮　勇　林串红

总策划　张庆风　何任飞
策　划　任　民　毕既华

序

科技成果推广应用是推动科学技术进入国民经济建设主战场的重要环节，也是技术创新的根本目的。专业技术培训是加速科技成果转化为先进生产力的重要途径。为贯彻落实党中央提出的："我们必须抓住机遇，正确驾驭新科技革命的趋势，全面实施科教兴国的战略方针，大力推动科技进步，加强科技创新，加强科技成果向现实生产力转化，掌握科技发展的主动权，在更高的水平上实现技术跨越"的指示精神，受建设部人事教育司和科学技术司的委托，建设部科技发展促进中心负责组织了第一批新技术、新成果、新规范培训科目教材的编写工作。该项工作得到了有关部门和专家的大力支持，对于引导专业技术人员继续教育工作的开展、推动科技进步、促进建设科技事业的发展起到了很好的作用，受到了各级管理部门的欢迎。2002年我中心又接受了第二批新技术、新成果、新规范培训教材的编写任务。

本次建设部科技发展促进中心在组织编写新技术教材工作时，着重从近几年《建设科技成果推广项目汇编》中选择出一批先进、成熟、实用，符合国家、行业发展方向，有广阔应用前景的项目，并组织技术依托单位负责编写。该项工作得到很多大专院校、科研院所和生产企业的高度重视，有些成立了专门的教材编写小组。经过一年多的努力，绝大部分已交稿，完成了近300余万字编写任务，即将陆续出版发行。希望这项工作能继续对行业的技术发展和专业人员素质的提高起到积极的促进作用，为新技术的推广做出积极贡献。

在《新技术、新成果、新规范培训科目目录》的编写过程中以及已完成教材的内容审查过程中，得到了业内专家们的大力支持，谨在此表示诚挚的谢意！

建设部科技发展促进中心

《建设部第二批新技术、新成果、新规范培训教材》编委会

2003年9月16日

前言

21世纪是信息化、网络化、数字化、智能化蓬勃发展的新世纪。世界范围的新技术革命和知识经济的浪潮，推动发展中国家和发达国家在电子信息技术的创新和应用领域，重新站在同一起跑线上，共同面对新的历史发展机遇。

城市规划、建设、管理与服务水平的高低是衡量一个国家社会经济发展水平的重要标志，是一个民族文明程度的具体体现，也反映出一个城市现代化的程度。

有效的城市管理是促进城市健康发展的重要手段。随着城市的不断膨胀以及人口的高度密集化，传统的以手工为主的城市规划、建设和管理方式已越来越不适应城市迅速发展的需要。

地理信息系统（GIS）技术在城市规划、建设和管理领域的应用近年来取得了长足的进步。根据中国地理信息系统协会和国家测绘科技信息研究院2000年的最新统计结果表明，城市规划行业GIS应用系统的数量占全部GIS相关应用系统总量的9.3%，高居首位。“十五”期间，科学技术部将发展GIS软件产业列为发展我国软件产业的主要突破口。

由此可见，城市规划管理手段的更新是我国城市规划、建设和管理迈向现代化的重要基础，也是各个城市规划管理部门成为市政府决策支持基础信息中心的重要机遇。城市规划管理信息系统的建成将不仅仅为城市规划管理带来一套科学、现代的管理理念，而且将大大加快城市信息产业化的步伐，进而为城市创造新的经济增长点。

本书由建设部人事教育司、科学技术司和建设部科技发展促进中心共同主持，由建设部科技发展促进中心委托北京建设数字科技有限责任公司组织编写，为从事城市规划管理、城市信息化建设管理数字城市及各相关领域的管理者、城建领域应用者提供借鉴。同时满足建设行业内广大工程技术人员和管理人员知识更新与学习新技术的需要。

目　录

第一章　城市规划管理信息系统的发展

1.1　国外 GIS 应用分析

GIS 是近些年迅速发展并得到各国广泛重视的高新技术。特别是在提出“数字地球”和“数字城市”等概念后发展尤为突出。目前这一技术已在一些发达国家进入成熟阶段，其成为商品化成果的历史，约为 5 ~6 年。例如，世界著名的 GIS 厂商有 ESRI、MapInfo 等。GIS 是较为年轻的边缘学科领域，是介于信息科学、空间科学和地理科学之间的交叉学科，又是计算机技术、遥感技术、信息工程和现代地理学方法相结合发展起来的。GIS 已涉及社会和经济的各个方面，在我国城市规划、建设和管理中是有着巨大发展前景的电子信息技术应用领域，有可能成为推动城市建设行业全面技术进步的重要支撑技术。GIS 正逐渐成为一门新兴的产业，它的出现也许会给整个社会带来巨大的影响。

GIS 在美国、加拿大、澳大利亚、德国等发达国家和地区已经成为较成熟的应用技术，在应用方面已取得相当的社会和经济效益。在亚洲发展较快的国家已进入初级系统建设阶段，GIS 在第三世界国家处于科研和试用阶段。我国 GIS 研究和应用较晚。1982 年我国建立了第一个人口数据库，并应用了 GIS 技术进行了有关分析。这是我国 GIS 的一个雏形。随着城市现代化发展，城市的规划、建设和管理必须在管理手段和方式上适应发展的需要，GIS 逐渐得到重视和发展。一批科研和教学单位已开展 GIS 研究和应用工作。若干城市已应用 GIS 技术建立各具特色的综合性或专业性的城市 GIS 系统。国外主流的 GIS 软件产品已开始进入中国市场，城市 GIS 标准化工作已经起步。

1.2　国内 GIS 应用分析

上海市是我国最早进行 GIS 开发工作的城市。1987 年上海制定了“上海市城市建设计算机信息系统发展规划”，用了两年的时间完成了规划研究。1990 年至 1991 年完成了 15 个专业子系统的实验。在全国产生了巨大的影响和推动作用。

北京、天津、深圳、广州、太原、唐山等大中城市都进行了城市规划、建设和管理的 GIS 系统的建设工作，并取得了不同的进展。这些系统的建立对这些城市的发展起到了巨大的促进作用。其他一些大中小城市也在积极酝酿或正在实施 GIS 系统建设和规划。相信不久的将来，我国的 GIS 技术会有一个长足的进步。

1.3　国内城市规划管理信息系统应用分析

国际上的城市规划管理信息系统研究始于 20 世纪 70 年代初期，经过 20 多年的迅猛发展，目前发达国家已将它作为城市现代化标志与重要基础设施之一，用于城市动态管理和规划发展，并将它作为对城市重大问题和突发性事件进行科学决策的现代化手段。我国城市规划管理信息系统的研究始于20世纪80年代后期，大致经历了以下3个阶段：

1.3.1 工程式开发阶段

本阶段技术开发模式的特点是，根据用户提出的表面化现实需求，由开发方开发应用系统功能。由于开发方对用户的“现实、潜在和创新”的需求本质理解肤浅，对用户的应用模型缺乏明确的概念，加之软件开发技术的限制，大多数系统没有取得实用化的成果，可以说多数用户不满意开发方提供的系统，并引发了无休止的系统维护和修改。

1.3.2 产品式开发阶段

本阶段技术开发模式的特点是，开发方经过几年的摸索和提炼，初步认识到行业性用户的基本需求大体相同。据此，开发出通用的产品式应用系统，试图以不变应万变。在这个阶段，开发方已经对行业应用模型和行业用户需求有了比较深刻的理解。因此，这类软件得到一定的推广和发展，行业用户也给予了一定程度的认可。但是，随着软件技术环境和行业性用户需求的迅速变化，这类软件系统已经不能满足要求。

1.3.3 工具式开发阶段

本阶段技术开发模式的特点是，在组件、群件、面向对象、工作流、知识管理等现代软件开发新趋势以及用户个性化、动态化需求的共同推动下，开发方对行业用户需求本质的认识达到了一个新高度，并且能够用新的、成熟的软件技术加以实现。这些新认识是：

行业性应用需求是建立在动态应用模型之上的需求；

行业性应用需求，是在IT技术飞速变化、业务模式迅速演变、人机互动日益深化等因素的刺激下，不断进化和发展的需求过程；

IT技术的本质是满足和刺激行业用户的个性化要求，因此，行业性应用需求必然是多样化的个性化需求；

用户不希望持续地依赖开发方维护和发展应用系统。

总之，行业性应用需求的本质是“动态、发展、个性和自主”。因此，规划管理信息系统的开发已经进入“行业应用工具式软件开发平台”的阶段。在“以动制动”的思想指导下，已经研发出一些面向全行业的工具式软件开发平台，并取得了良好的应用和产业化效果。

工具式开发平台软件的特点是动态地建立应用模型。依托开发平台，使用行业性开发工具，用户可以在不编程的前提下，自建、自维护和自扩展其应用系统。这种方式代表了当今城市规划管理信息系统的最高水平。在这种方式下，开发商可以把精力最大限度地投入到以更加先进、成熟的技术一代代地更新“系统生成工具包”上，令其更加简洁、实用；而用户通过它可以在最短的时间内，以最低的代价建成一个最符合自身管理特点的实用系统。

1.4 城市规划管理信息系统的发展方向

城市规划管理信息系统的发展将朝着3DGIS、WEBGIS方向发展。城市规划管理信息系统将向实现数字城市最终目标迈进。其特点是以计算机技术、多媒体技术和大规模存储技术为基础，以宽带网络为纽带，运用3S技术〔遥感RS、全球定位系统GPS、地理信息系统GIS〕、遥测、仿真—虚拟技术等对城市进行多分辨率、多尺度、多时空和多种类的三维描述，即：利用信息技术手段把城市的过去、现状和未来的全部内容在网络上进行三维数字化虚拟实现。它将是城市规划管理信息系统与城市地理信息系统结合，并存储在计算机网络上的能提供远程用户访问的一个新的城市空间。它应具有：

人们不仅可以浏览、漫游、查看、选择，还可以进行查询、量测等一系列操作，甚至还可以交互动态虚拟设计；

在数据库和GIS的支持下对不同类型数据进行一体化管理，包括数字正射影像图（DOM）、数字高程模型（DEM）、数字线划地图（DLG）、数字栅格地图（DRG）等；

加载各种专题信息和提供各种信息服务；

具有二维GIS功能，可以容易挂接其他各种GIS系统，特别是传统的2DGIS，实现异构系统的数据相互调用，从而有利于数字城市、城市信息的社会化应用；

实现数据的动态加载，并能够通过不同的三维模型实时构建三维城市模型。

1.5 城市规划管理信息系统的意义

城市规划管理信息系统的建成，其效益是巨大的。主要表现为以下三个方面：

一是管理效益。一个优秀的规划管理办公自动化系统最先带给城市规划管理部门的应该是一套经过科学优化，既保留传统管理风格，又高效严谨的现代管理理念。无论从有形或无形角度看，先进的管理本身就是一笔巨大财富，这已成为尽人皆知的真理。

二是社会效益。它把城市规划管理部门从过去只重管理向重管理、重服务的双重职能转变。为政府决策提供依据和手段，为社会公众提供信息服务。系统的建成既可以为社会各界通过Internet查询规划信息、办案进度、相关法规、办事流程和必备材料提供了可能，又可以在城市建设重大项目的选址和审批上，为市、局领导的科学决断提供重要辅助。

三是经济效益。首先，系统的成功使用将为城市规划、建设和管理节约大量的资金。在某个建设项目中，由于规划管理信息系统所发挥的重要作用，仅市政拆迁一项就为市政府节约资金300万元；此外，在良好的竣工资料管理机制的配合下，为各城市所节省的地形图普测的费用，将以百万元计；再者，随着国家对信息产业的大力扶持，作为城市基础设施重要组成部分的城市基础地理信息，必将成为城市新兴而持久的经济增长点活跃于国民经济舞台上，为城市其他职能部门、各个企事业单位和公众提供基础地理信息服务。

第二章　城市规划管理2000系统的设计思路

2.1 图、文、表、管一体化的设计

从业务办公自动化的实现效果来看，系统通过一体化的应用系统，可以实现各级领导、各类业务人员等用户的所有需求，可以调阅所有案卷的表格、案卷的办理过程、案卷相关的地形图、道路红线、规划图、建筑红线等地图信息，同时可以查看与该案卷相关的会议纪要、监控催办信息、报件材料、案卷交接等，完成案卷各个级别的审批、填表、绘图、输出表、输出图等方面的日常操作。同时，系统为这些日常操作，提供了简单有效的调度方法，用户可以随时任意切换图形、表格、文档、管理等工作，并实现图、文、表、管等方面的方便快速互查。

从业务办公自动化的应用模型设计来看，系统是基于业务角色、业务流程、业务任务的管理模型实现的。我们总结了多年业务办公自动化的研究经验，提炼了以电子政务为核心的政务办公自动化模型，"业务角色"代表完成政府部门不同职能的各级领导、各个科室的不同职责的工作人员，相同职责的人员赋予相同的业务角色；"业务流程"代表完成政府部门的各个职能的工作过程，在工作过程中同时赋予规定办理的时间；"业务任务"代表在流程中需要进行的各项任务，这些任务都进行了足够细分，规划局除了包含一般的文档、表格处理的任务以外，还必须完成各种的地图查阅和处理的任务，系统将这些任务进行了有效的调度和管理，形成一系列图形、表格、文档的任务，随时为各级领导和业务人员提供一体化的服务。

2.2 具有自建、自维护、自扩展能力

基于地理信息系统（GIS）技术平台的城市规划管理信息系统的发展，大致经历了以下三个阶段：第一阶段为"工程式开发阶段"。第二阶段为"产品式开发阶段"。第三阶段为"工具式开发阶段"。我们对电子政务应用需求的新认识是，第一，行业性应用需求是建立在动态应用模型之上的需求；第二，行业性应用需求，是在IT技术飞速变化、业务模式迅速演变、人机互动日益深化等因素的刺激下，不断进化和发展的需求过程；第三，IT技术的本质是满足和刺激行业用户的个性化要求。因此，行业性应用需求必然是多样化的个性化需求。第四，用户不希望持续地依赖开发方维护和发展应用系统。总之，行业性应用需求的本质是"动态、发展、个性和自主"的需求。

为此，北京建设数字科技在"以动制动"的思想指导下，研发出面向全行业的工具式城市规划管理信息系统软件开发平台"规管2000"，目前已经升级到5.6版本。近两年已经在行业内取得很好的应用和产业化效果。

“规管2000”的特点是动态地建立应用模型，依托开发平台，使用行业性开发工具，使用户在不编程的前提下，自建、自维护和自扩展其应用系统。由此看出，第三阶段——即工具式系统开发阶段，代表了当今城市规划管理信息系统的最高水平。在这种方式下，可以把精力最大限度地投入到以更加先进、成熟的技术一代代地更新“系统生成工具包”上，令其更加简洁、实用；而用户通过它可以在最短的时间内建成一个最符合自身管理特点的实用系统。

2.3 采用最新技术，实现资源共享

当今社会是信息社会，信息的产生、发布和获取已越来越离不开网络，“政府上网”为政府机关之间、政府机关和普通群众之间架设了一座沟通的桥梁。但我们在网上很难发现有价值的政府网站，其主要原因就是管理信息的产生和收集落后于网络时代的要求。

当前，基于Web的B/S结构的应用系统开发已经成为一种趋势，它的流行势必会带动整个社会向信息社会发展。正是基于这个认识，本系统的建设将采用目前流行的Web模式。Web系统可伸缩性的特点使得它既可以应用于小型的INTRANET，也可以应用于INTERNET，信息可以在小到一个办公室，大到整个世界之间流动。除此之外，Web系统还有很多优点：应用Web体系和开放协议标准，增强了系统的可操作性、可移植性和可扩展性；所有维护工作均集中在服务器端，增强了系统的可维护性和数据一致性，大大减轻系统维护的工作量。

采用Web模式后，轻松实现网络化操作，这样就使规划管理的信息生成、数据整理和网上信息发布变得十分容易，使“政府上网”、“电子政府”不再仅仅是宣传口号。

2.4 开放的数据结构设计

2001年4月，国务院办公厅下发了“全国政府系统政务信息化建设2001～2005年规划纲要”，“纲要”中要求各级政府部门在2005年之前，完成内部办公自动化系统的建设，同时实现政府部门之间的公文传递，建立政府公众信息网，并形成政府系统共建共享的电子信息资源库。

为了实现与区政府等其他政府部门的公文传递，在表格公文流转方面，系统提供了开放数据结构定义工具，可以根据需要，定义出符合各级政府部门要求的表格或公文的样式。在当前网络条件尚未成熟的条件下，外部公文的往来还处在纸质文档流转的阶段，系统提供了将公文扫描入机的手段，实现初步的公文的电子化存储，也便于随时查阅。在区政府网络建成后，系统提供通过数据结构的定义，并提供方便的数据接口，实现区政府等其他单位公文的导入，直接进入区规划局的内部办公自动化系统中进行流转。

在基础空间数据的交换方面，建立了基于国标、行业标准的基础空间数据的编码体系，一方面，空间数据编码方案为国土、房产等行业应用提供扩展的可能，另一方面，开放的空间数据结构设计，使规划局或其他政府职能部门可以根据发展的需求添加各种空间和属性数据，满足部门间数据共享、数据交换的要求。

2.5 强化空间信息管理和利用，为决策提供可靠依据

当今的社会已是一个信息社会，信息无处不在，但远没有达到信息自由交换，信息高效获取。虽然已建立了一个个信息系统，但往往都是信息的孤岛，只能进行日常办公和一些固定的查询统计，信息再利用程度不高，引导作用不强。系统的建设将逐步建立起基于基础测绘资料的基础地理信息库、基于城市规划设计管理的规划地理信息库、基于建设项目审批的规划审批信息库等，如何对这些信息进行可靠、高效的管理和应用，是系统建设的核心问题。

强化信息的收集和整理，需要保证信息库建设的完整性、真实性、现势性。完整的信息库，为分析决策提供足够的依据，真实的信息库，为分析决策提供可靠的保证，现势的信息库，为分析决策提供发展的基础。

系统提供强大的案卷、查询统计功能和数据分析功能。业务人员可通过多种查询方式进行案卷的查询和统计。例如：通过快速查询，由案卷号、许可证号等多种常用信息便可轻松把案卷的所有信息（图文表管等）调出阅览，由当前案卷还可查到该项目相关案卷的信息，从而达到有点及面的效果；业务人员可根据个人需要，建立自由查询，通过条件组合，快速得到需要的案卷信息；其次，领导可以进行案卷在办时的实时监控查询等等。在统计方面，系统也提供了丰富的案卷统计功能，统计结果可以在业务人员和各级领导之间实现电子及时传递。

系统提供丰富的空间数据综合查询分析功能，其中有拆迁量分析，可以根据地域范围计算需要拆迁的建筑总量；道路占压分析，计算道路拓宽后，可能占压的建筑物、管线等信息；管线横剖、纵剖分析，根据管线的埋深和高程，显示管线在地下的绝对位置和相对位置；规划现状综合查询，根据规划成果，查出符合某种条件的地块，满足招商或城市建设的要求。这些分析功能，有效利用系统的信息资源，为城市规划、建设、管理的决策提供帮助。

第三章　城市规划管理系统操作

3.1　基本操作

城市规划管理信息系统的操作以城市规划管理信息系统 2000 版（以下简称“规管 2000”系统）为基础。

3.1.1　启动规管 2000 办公系统

方法一：从屏幕上选择规管 2000 规划管理系统图标，用鼠标双击后进入本系统，如图 3-1 所示。

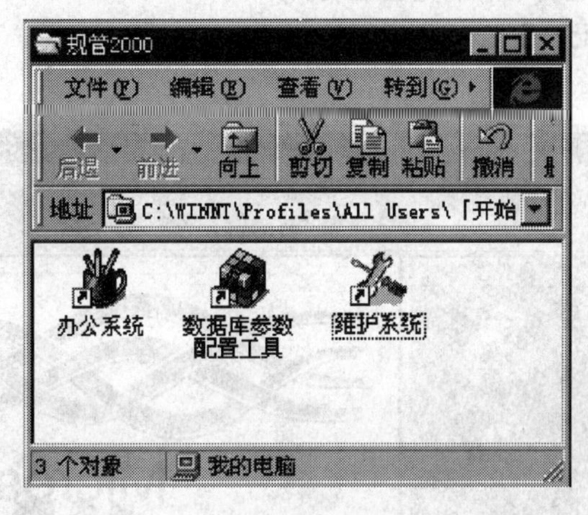

图 3-1　规管 2000

在规管 2000 窗口中双击办公系统图标，即可进入城市规划管理系统的办公系统部分。

方法二：在 Windows 98 窗口的底端用鼠标单击“开始”按钮，在出现的菜单中单击“程序”，从出现的下一级菜单中选择“规管 2000”，再进一步用鼠标单击“办公系统”，即可进入城市规划管理系统的办公系统部分。

3.1.2　系统登录

启动系统后，弹出“登录窗口”（图 3-2）。

系统登录就相当于身份验证和进入系统登记。如图 3-2 所示，窗口中有两个输入框用于确定登录人及登录口令，用户名输入采用下拉列表框，用鼠标左键单击输入框右面的向下箭头，就会弹出规划局中所有办公人员的姓名列表，从中选择登录人的姓名，或者用户也可自己在输入框中输入姓名。然后用鼠标点击口令框使之激活，输入自己的口令，按“回车（Enter）”键或点击窗口中的“确认”按钮，即可完成系统登录，如口令正确，则进入“系统主界面”，与此同时，个人的操作权限也确定了。如果口令有误，系统会弹出“错误对话框”，提示口令错误，并等待重新输入。如果想放弃进入系统，则按“退出”

系统登录

请输入口令，登录规管2000办公系统。

确认

退出

用户名(U)： 周京仁

口令(P)：

帮助

图 3-2　登录窗口

按钮，返回 Windows 界面。

注意：在录入口令之前一定要先激活口令框，即在口令框中有跳动的“｜”出现时才开始输入口令。如果你是自己输入姓名的，那么也一定要激活姓名框。在输入口令时一定要注意大小写的形式及姓名书写的完全正确。

3.1.3　系统主界面介绍

图 3-3　系统主界面

说明：

· 标题栏显示当前系统的标题，这里的标题显示为“城市规划管理信息系统”如图3-3所示。

单击标题栏最左端的图标，会出现如图 3-4 所示的菜单，菜单中包括一些常用的窗口操作。

图 3-4 标题栏和系统菜单

3.1.4 视图模块

视图模块的功能是调整在主系统界面中打开的工作区的内容和位置。在主系统界面菜单栏中，拉下“视图”菜单，如图 3-5 所示。

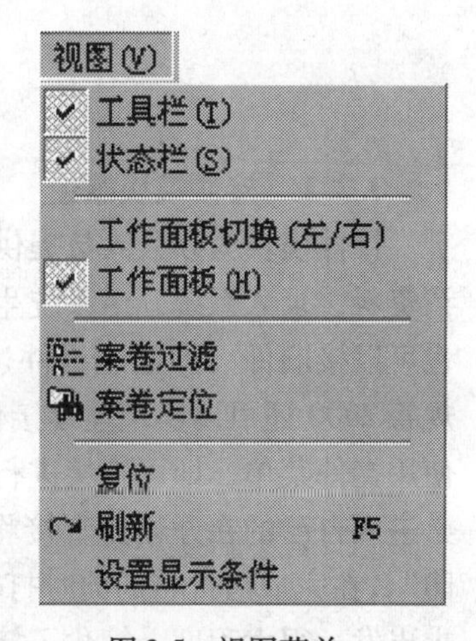

图 3-5 视图菜单

在视图菜单中，工具栏、状态栏、工作面板三个菜单项前面都有☑，表明该项菜单目前被选中，即对应工具栏、状态栏、工作面板工作区出现在主系统界面中，用鼠标左键单击任一菜单项，该项前面的对勾将消失。同时该项菜单所对应的工作区在主系统界面中隐藏，再单击一次该菜单项，相应的工作区又出现。

切换工作面板左/右放置（L）菜单项的作用是选择将工作面板放在显示区的左端或右端，单击菜单项即可完成位置切换。

3.1.5 窗口模块

窗口模块用于对系统中打开的多个窗口及图标进行层叠、关闭等操作。

3.1.6 帮助模块

当在操作过程当中遇到问题时，可以使用系统的帮助模块来获取联机帮助（图 3-6）。单击主菜单栏中的“帮助”菜单，可以获得如下帮助。

1. 帮助

为用户提供各种使用说明和操作帮助。

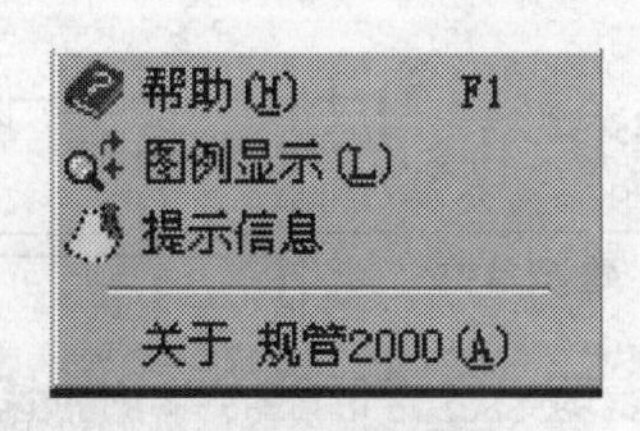

图 3-6 帮助菜单

图 3-7 待办案卷数小窗口

2. 图例显示

单击后显示“图例显示”窗口。

3. 提示信息

单击后显示如图3-7，窗口内显示了收文箱、在办箱、授权箱和案卷消息箱需要办理的案卷数，以及委托代理人等信息。单击右上角的五角星，可以关闭该窗口。

4. 关于

关于规管2000系统的版本说明。

3.2 接　　件

3.2.1 接件模块概述

接件模块为办公人员提供接收建设单位报建的功能。办公人员接受建设单位递来的申请资料，录入系统，由系统生成案卷编号，进行立案处理，启动一项业务。可以接新件，也可以接旧件（即已经报件过，进入过流程的，但现在处于办结箱或续办箱中的案卷）。规管2000还可以实现连续接件，即在完成一次接新件后，不用关闭接件窗口，不用再次使用接件菜单，即可直接进行再次接件。可以选择“完成后批转”，即在填写完表格后不必进入自己的在办箱而直接将案卷批转给下一经办人；还可以进一步设置为“批转时打印”，在完成后批转的同时打印该阶段可以打印的表格。这些功能都完全从办公人员的要求出发，很大程度上简化了接件操作的步骤。

3.2.2 接新件

在系统主界面上单击菜单栏的“文件”，在下拉菜单中选择“接新件”（以后都记作文件→接新件），单击后进入填表窗口，如图3-8所示；也可直接单击工具栏中的“接新件”工具按钮或在工具栏中的下拉框中单击“接新件”或使用“Ctrl + N”快捷键进入窗口，也可单击工作面板的“接件”组中的“接新件”图标。

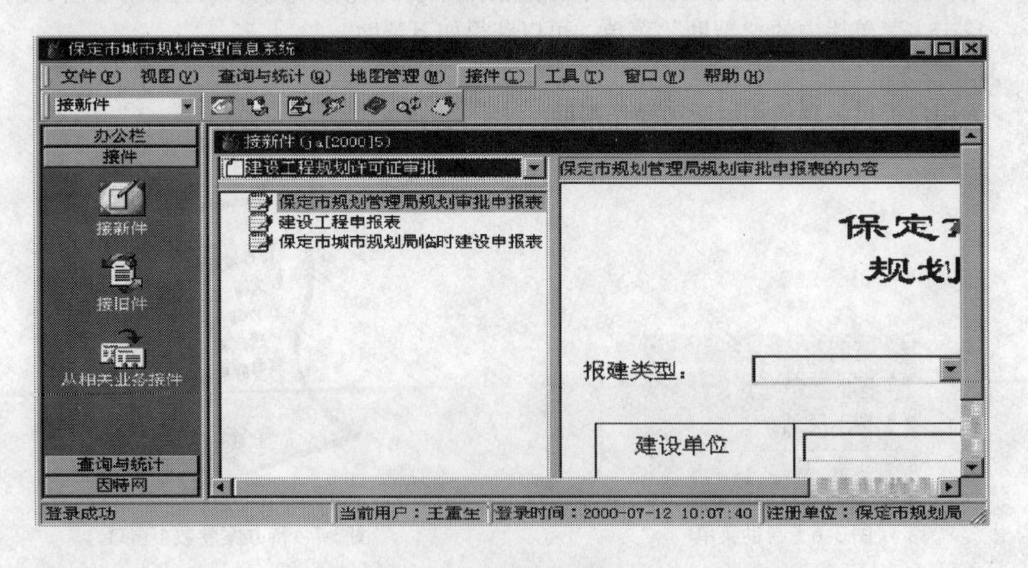

图3-8　“接新件”填表窗口

注意：图 3-8 中所示水平滚动条与垂直滚动条出现在表格或文本内容太长或太宽的情况下，这时，右侧显示区中无法将表格内容一屏全部显示，用户可以用鼠标点击滚动框中的箭头，上下左右移动，或直接用鼠标拖动滚动条。

如图 3-9 所示，用户可以点击窗口左侧业务类型下拉列表框旁边向下的箭头，从下拉列表中选择需要处理的业务类型。如果所选择的业务类型在维护系统中配置为可生成总编号，并且为该业务类型定义了总编号，则在业务类型列表中的业务类型名称后有“生成总编号”或“取总编号”标注，如图 3-9 所示。如果该业务类型无总编号，则列表中只有业务类型名称。

对于“生成总编号”业务，直接单击业务类型名后，左侧显示区中出现了该业务类型在接件阶段可以处理的所有输入表格列表，单击要填写的表格名称，该表格出现在窗口右侧显示区中；对于“取总编号”的业务，单击业务类型名后首先弹出“取相关案卷或取总编号”窗口，如图 3-9 所示。

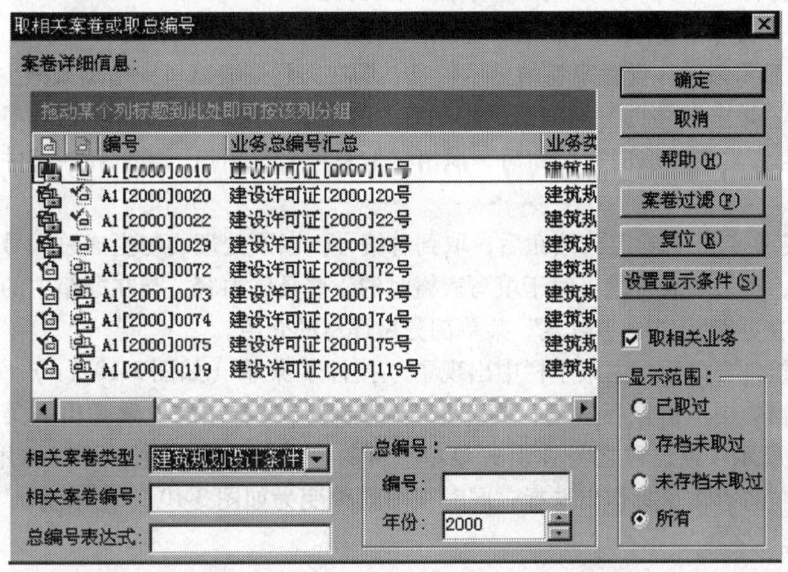

图 3-9　“取相关案卷或取总编号”窗口

取相关案卷或取总编号窗口中列出了所选业务类型的相关业务所对应的所有案卷，用户可以选择相关业务案卷的总编号来作为当前案卷的总编号，从而通过总编号将不同业务的相关案卷关联起来。

下面对窗口中的内容做详细介绍：

1. 相关案卷类型：相关案卷类型列表中为所选业务类型的相关业务（维护系统定义）。选择相关业务类型后，案卷列表中显示该业务类型中的对应案卷（根据显示范围不同而不同）。

2. 取相关业务：选择该复选框，则取总编号后还会询问是否取相关业务，如果取则会弹出取相关业务窗口。

3. 显示范围：为相关业务类型的所有案卷设置过滤条件，从中选择一部分符合条件的显示在案卷列表中。显示范围分为 4 种：

（1）已取过：如果所对应的总编号类型在维护系统中配置为“总编号与业务类型编号相同”，并且如果所选总编号在本业务内没有选过就可以再取该总编号，否则不能取并且系统会给出错误提示：总编号已被所选业务类型取过。

（2）存档未取过：所选案卷已存档，但总编号未取过，仍可被取。

（3）未存档未取过：所选案卷的总编号未取过，并且尚未存档，可以被取。该项为显示范围组合框的缺省选项。

（4）所有：即相关业务类型内的所有案卷，相当于没有设置过滤条件。

4. 年份：单击年份框边的上下箭头可选择案卷年份。

5. 相关案卷编号、总编号表达式、编号：在窗口列表中单击选择一案卷后，对应该案卷的编号、总编号汇总和总编号就会出现对应的输入框中。

6. 案卷过滤：为窗口列表中的内容设置过滤条件，进一步筛选满足条件的案卷。有关案卷过滤，将在3.3中介绍同名菜单时做详细说明。

7. 复位：去除过滤条件，显示系统缺省过滤条件时的所有案卷。

8. 设置显示条件：设置案卷的显示信息，即在案卷列表窗口中增加或减少列。

9. 帮助：单击“帮助”按钮后，出现有关的帮助信息。

10. 取消：单击“取消”按钮后，退出“取总编号”窗口，需重新在接件窗口中选择业务类型。

11. 确定：单击“确定”按钮后，取到总编号，以下处理均与生成总编号相同，选择输入表格后，进入填表阶段。对于填写表格时的一些具体内容，与在办箱中的填表完全一致，将在“在办箱”中的“填表”菜单部分做详尽的介绍。

在出现接件窗口后，主菜单栏中出现了“接件”菜单（如图3-10（*a*）所示），用户也可在接件窗口中点击鼠标右键，同样也会在鼠标箭头所在的位置弹出一菜单，内容与图3-10（*a*）所示一致，称之为弹出式菜单，目的是方便用户使用，可以不用移动鼠标，随时在当前位置点击鼠标作出选择；同时视图菜单变为如图3-10（*b*）所示。下面介绍菜单中的内容。

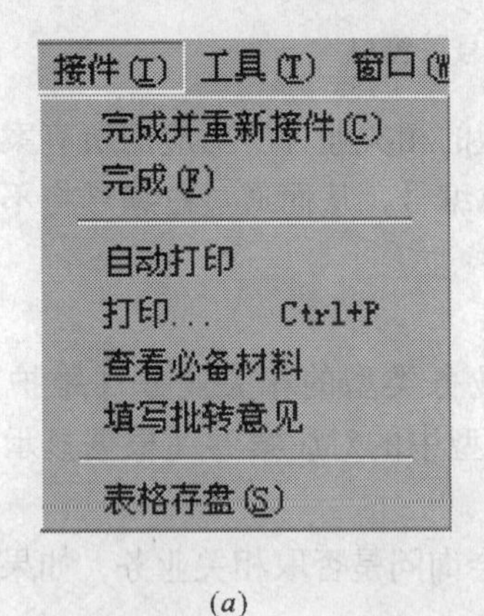

（*a*）

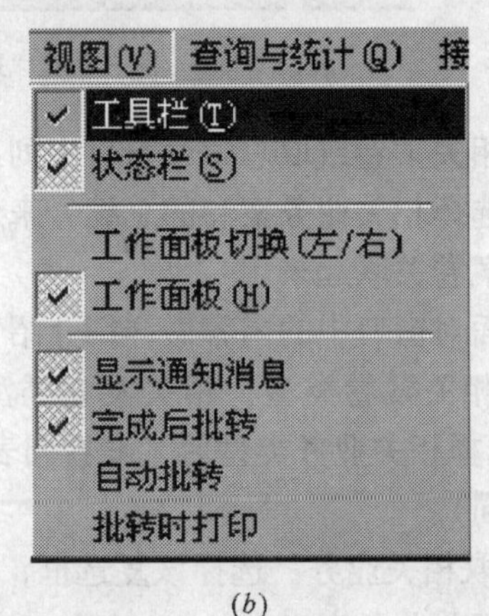

（*b*）

图3-10　接件菜单及视图菜单

（*a*）接件菜单；（*b*）视图菜单

其中，接件菜单中的“完成”和“完成并重新接件”是接件阶段所特有的菜单，在以下将做详细说明。其余菜单与在办箱、收文箱、发文箱等箱子中的同名菜单功能基本相同，将统一在在办箱中做详细介绍。

1. 完成并重新接件：完成并重新接件是为了方便规划局办公人员一次接多件而设计的。当需要连续接多个不同案卷时，无需退出接件窗口，不用再次使用接件菜单，即可直接开始下一次接件。一次接件完成后，在主菜单栏中单击“接件”→“完成并重新接件”，或在接件窗口中点击鼠标右键，在弹出式菜单中单击“完成并重新接件”，当前正在操作的案卷被存盘并转入接件人的在办箱中，进入新的接件窗口，用户可继续接件操作。

2. 完成：单击“接件”→“完成”或在接件窗口中按鼠标右键单击“完成”，完成接件操作，当前案卷转入接件人的在办箱中。

注意：如果在视窗菜单中选择了“完成后批转”，那么，在单击“完成”或“完成并继续”后，案卷并不转入当前处理人的在办箱中，而是自动弹出批转窗口，用户可以选择批转对象，直接批转给下一阶段处理人，也可以取消批转，案卷依旧转入在办箱中。如果同时选择了批转时打印，那么，在完成后批转的同时就会打印该流程阶段设定的可打印的所有输出表格。输出表格的打印方式有两种，自动打印和手工打印。自动打印的输出表格不需询问用户，在按打印按钮或完成按钮（设置了“完成后批转”并“批转时打印”）时，便会自动打印出来；手工打印的输出表格在打印之前系统会弹出对话框询问用户是否要打印当前表格，是则打印，否则不打印。

3.2.3 接旧件

所谓旧件，就是已经报件过、进入过流程的案卷，目前处于办结箱或续办箱中，可以重新提取出来，进行二次报建。

在系统主界面上单击文件，在下拉菜单中选择“接旧件”，单击后进入选择案卷窗口，如图3-11所示。

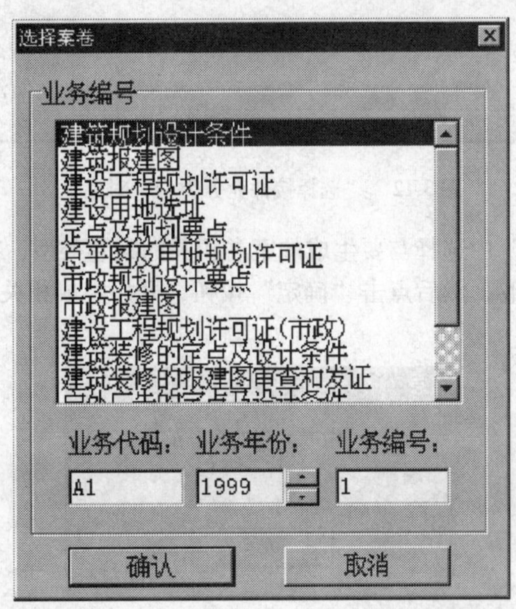

图3-11 “接旧件”

也可直接使用“Ctrl + R”快捷键进入窗口；也可直接单击工具栏中的“接旧件”工具按钮或在工具栏中的下拉框中单击“接旧件”。

首先，用户需要在窗口上方的业务类型列表中选择旧件的业务类型名称，单击选中一业务类型名后，该业务类型名所对应的业务英文代码就会出现在“业务代码”文本框中，可以单击“业务年份”旁的上下箭头选择旧件的业务年份，然后在“业务编号”文本框中输入旧件的案卷编号（业务编号前可以不补零，如0001可以直接输入1），最后，单击“确认”按钮，进入填表窗口，用户可以如接新件一样处理这一案卷。如果输入的案卷号对应的案卷不存在或当前不处于办结箱或续办箱中，则系统会提示“该案卷不存在”或“该案卷不能重新接件”，请重新输入案卷号或取消接旧件。

3.2.4 从相关案卷接件

在系统主界面上单击菜单栏的“文件”，在下拉菜单中选择“从相关业务接件”，也可直接单击工具栏中的“从相关案卷接件”工具按钮，系统弹出“选择接件业务类型”对话框如图3-12所示。在对话框中选择一个相关的接件业务类型，然后点击“确定”按钮。

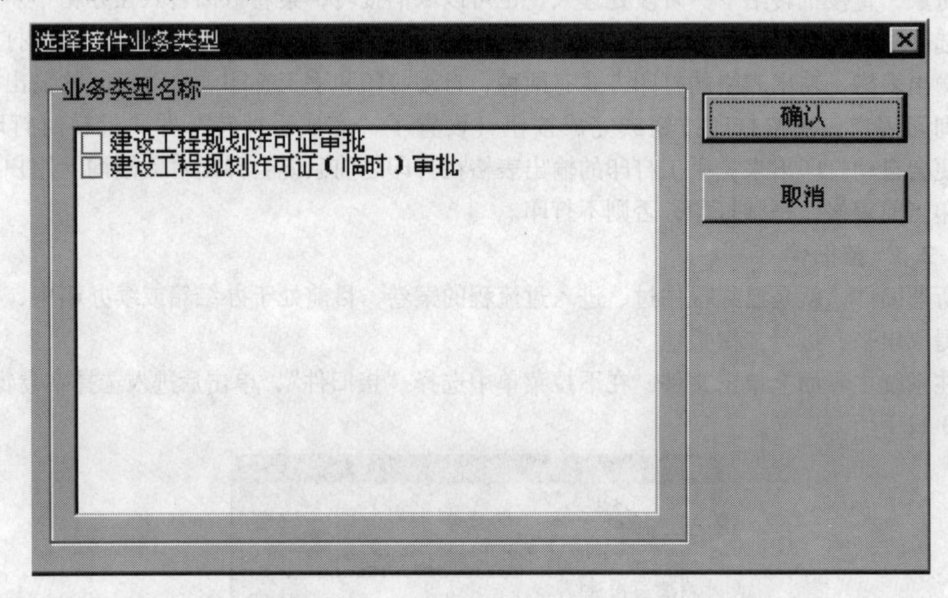

图3-12 “选择接件业务类型”对话框

在“相关案卷类型”中选择与要生成的案卷相关的案卷类型，在“案卷详细信息”列表中选择一个或几个案卷，然后点击“确定”按钮，开始生成相关案卷。生成完毕后会如图3-13所示。

图3-13 提示信息

生成相关案卷成功后，就可以到“在办箱”完成添表等操作。

3.3 案卷处理

3.3.1 在办箱模块概述

在办箱中存放了当前经办人正在处理的案卷。在办箱操作包括填表、打印、填写或查看必备材料、批转并传达相关的批转意见、查看案卷办理过程、申请授权、查看授权意见、答复及查看监控意见、存档、作废业务等内容。其余箱中的菜单操作基本与在办箱中的一致，请认真阅读本节的内容。

在“系统主界面”菜单栏中单击“文件”→“在办箱”或单击工作面板的“办公栏”组中的“在办箱”图标或在工具栏中的下拉框中单击“在办箱”，即可打开在办箱中的内容。如图3-14所示。

注意：如果工作面板上无“在办箱”图标，则单击“办公栏”组，便可出现“在办箱”图标供选中。

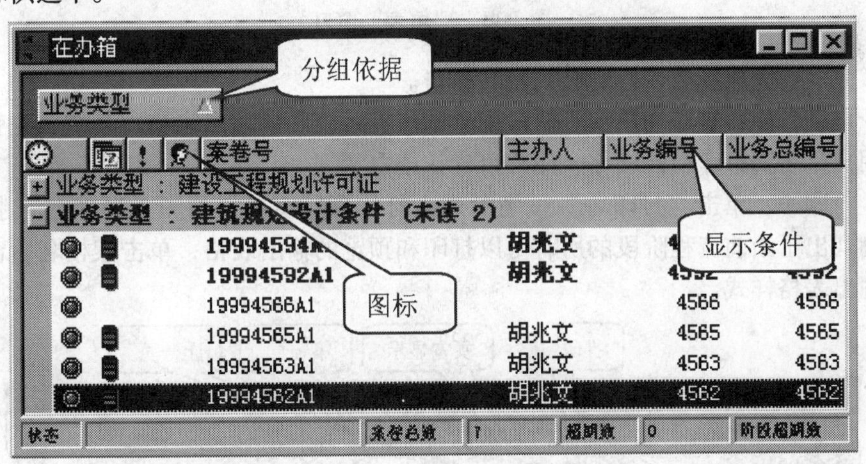

图3-14 “在办箱”窗口

3.3.2 基本操作

进入“在办箱”窗口后，主系统界面的菜单栏中出现“在办箱”菜单，其中列出了操作人员可以对在办案卷所做的操作，同时，用户也可在“在办箱”窗口内选中要处理的案卷，单击鼠标右键，即可弹出“在办箱”菜单；同时视图菜单发生变化。以下对菜单中的内容做详细介绍。

1. 填表　填表是指填写输入表格。单击“在办箱”→“填表”后，进入“填表”窗口，如图3-15所示。

注意：如果当前案卷的所有输入表格在维护系统中配置为只能查阅，则菜单项“填表”变为“查看输入表格”，表格都不可填写；如果当前案卷的部分输入表格在维护系统中配置为只能查阅，则那些输入表格在填表窗口中不可填写。

在进入填表窗口后，主菜单栏中出现“输入表格”菜单，或者在填表窗口中点击鼠标右键即出现弹出式菜单。本节中将详细介绍各菜单项的内容。

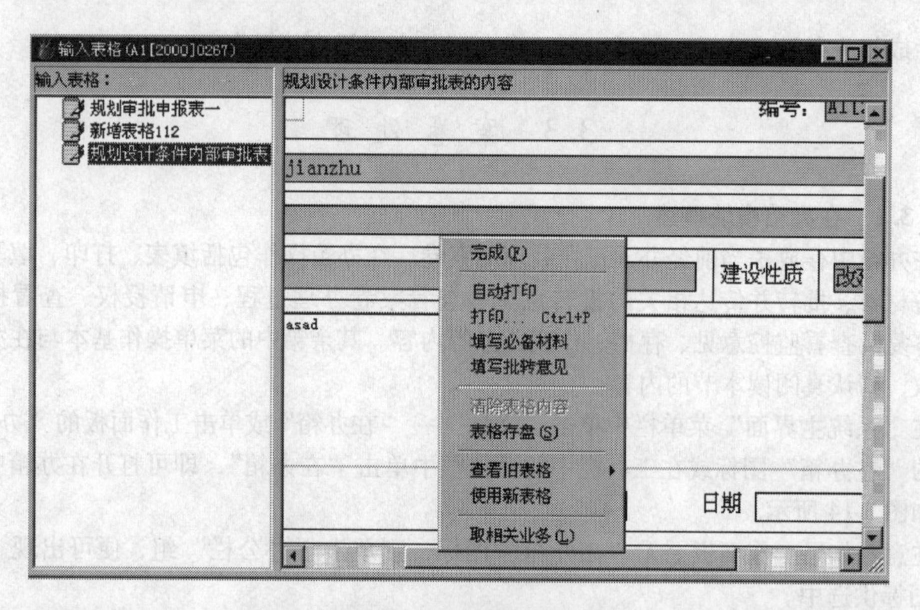

图 3-15 "填表"窗口

（1）完成：完成填表内容，转到批转窗口。

（2）自动打印：打印当前流程阶段配置的所有可打印的输出表格。系统首先弹出对话框询问用户是否要打印当前表格，用户可确认或取消。

（3）打印…：单击"打印…"按钮后进入打印预览窗口，如图 3-16 所示。打印预览窗口左侧列出了当前流程阶段的所有可以打印和预览的输出表格，单击表格名后窗口右侧出现该输出表格样式。

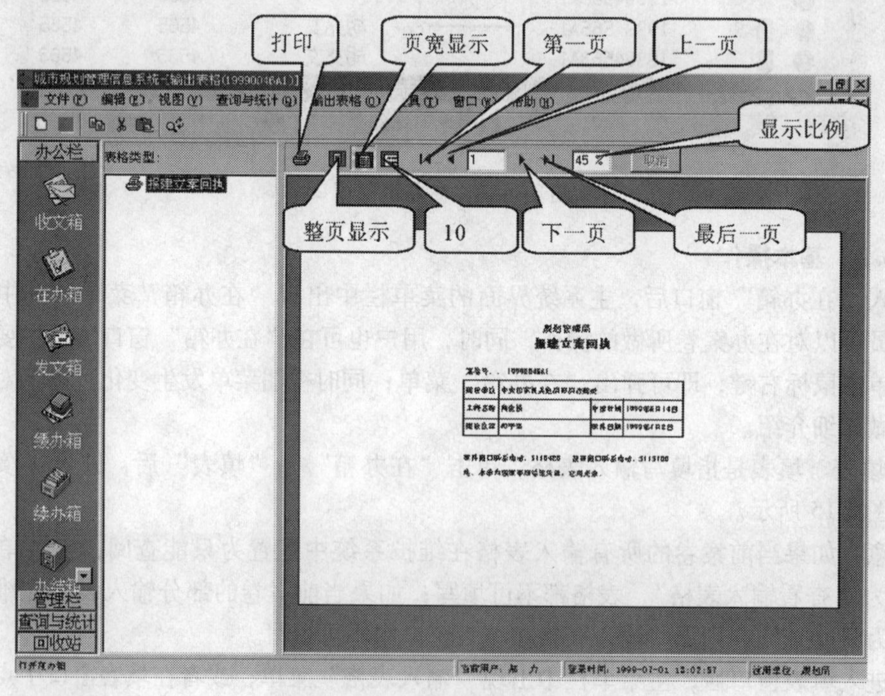

图 3-16 "打印预览"窗口

注意：显示比例的缩放只是方便用户阅读，在屏幕上缩放图像，并不能实际地将表格放大或缩小。

在窗口左侧表格显示区内，如果选中的输出表格的字段有一表多用的字段，则单击鼠标右键后出现弹出式菜单的菜单项为“设置报表输出方式”，单击该菜单项则出现选择输出报表条件窗口。左侧的输入表列表说明该输出表格的字段所引用的输入表有一表多用的字段，右侧的业务分项编号为选中的左侧的输入表的版本列表，这些版本为填表所生成的版本；选中输入表的不同版本后，则图 3-16 打印预览窗口显示结果有所不同。如果选中的输出表格为报建表，则单击鼠标右键后出现弹出式菜单的菜单项为“报建卡输出方式”，单击该菜单项则能选中该菜单项（出现对号）或不选该菜单项；如果选中该菜单项说明该报建表的打印方式是每次打印的结果为一条记录或一个步骤，否则打印方式是每次打印的结果为所有记录或所有步骤。

（4）填写必备材料或查看必备材料：必备材料是指建设单位来报建时必须交付的材料。填写必备材料是一种流程操作权限，只有当前流程阶段配置了该权限，才能填写必备材料，否则，这一菜单项变为“查看必备材料”。

单击该菜单项后出现“必备材料”窗口，如图 3-17 所示。

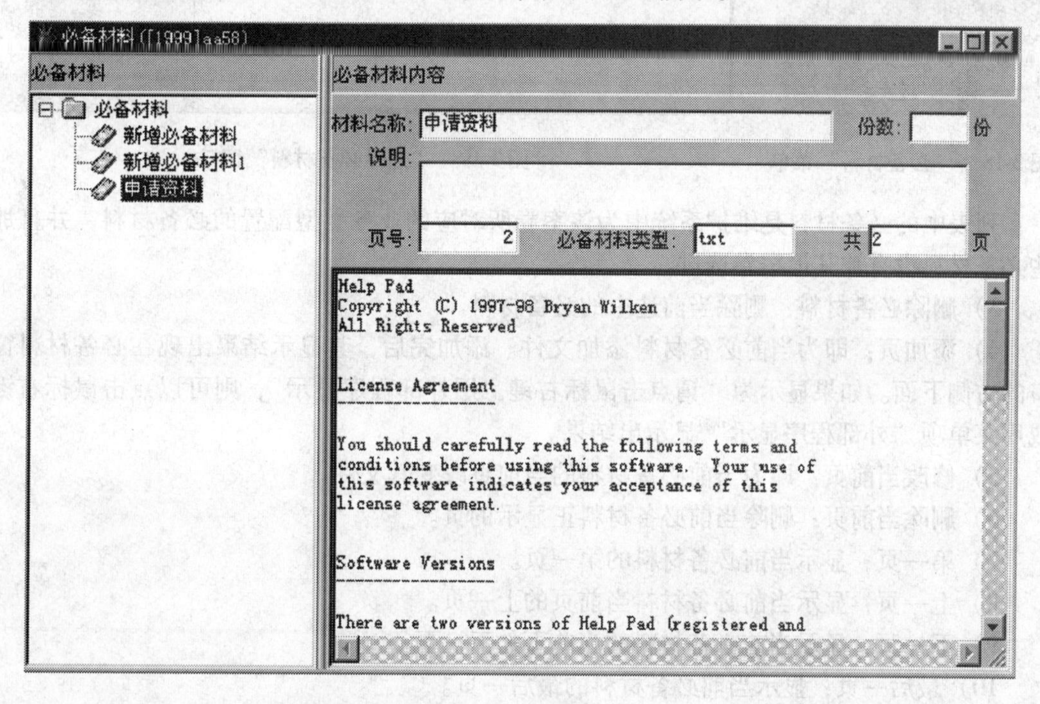

图 3-17 “必备材料”窗口

窗口左侧为必备材料的二级视图，右侧为必备材料的详细内容，包括材料名称、份数、说明、页号、类型、页数及显示结果。同时主菜单栏出现菜单“必备材料”，利用鼠标右键单击时的弹出菜单也一样，如图 3-18 所示。

下面详细介绍各菜单的用法：

1）存盘：保存所做的修改。

2）添加必备材料：该菜单项又有两个子菜单：

·添加自定义必备材料：添加的必备材料直接给出一个默认的名称，其形式为：必备材料+数字。

·添加系统必备材料：添加维护系统中已经定义的必备材料，单击该菜单项出现“选择必备材料”窗口，如图3-19所示。

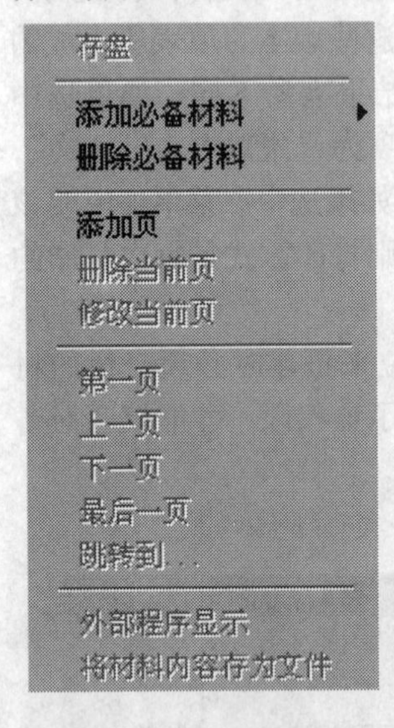

图3-18 “必备材料”菜单

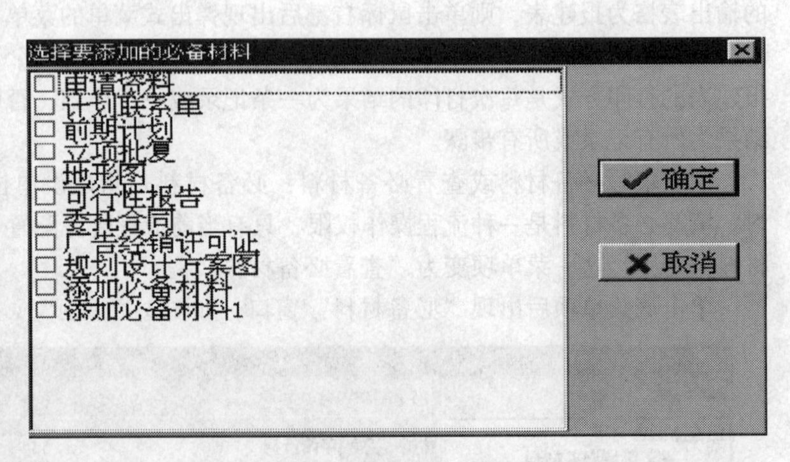

图3-19 “选择必备材料”窗口

列表中的必备材料是维护系统中为该案卷所对应的业务类型配置的必备材料，并且那些必备材料没有被其他案卷选过。

3）删除必备材料：删除当前选中的必备材料。

4）添加页：即为当前必备材料添加文件。添加完后，其显示结果出现在必备材料窗口的右侧下面。如果显示为“请点击鼠标右键，用外部程序显示”，则可以点击鼠标右键或用菜单项“外部程序显示”显示出结果。

5）修改当前页：即为当前必备材料的当前页改变其文件。

6）删除当前页：删除当前必备材料正显示的页。

7）第一页：显示当前必备材料的第一页。

8）上一页：显示当前必备材料当前页的上一页。

9）下一页：显示当前必备材料的当前页的下一页。

10）最后一页：显示当前必备材料的最后一页。

11）外部程序显示：任何当前页都可以通过外部程序显示出来，特别是显示为“未知类型，无法在此显示，试着用外部程序显示”的文件。

12）将材料内容保存为文件：即为当前必备材料的当前页保存起来作为文件使用。

如果是“查看必备材料”，则窗口中所有的菜单项都变灰，不能用，而且所有内容都不能修改，只能浏览。

(5) 填写批转意见：单击后进入“填写意见或理由”窗口。

(6) 表格存盘：保存当前对输入表格所做的修改。

(7) 确定案卷总编号：对于定义了总编号类型的业务类型，并且当前流程阶段有“确定案卷总编号”权限，在填表时就会出现这一菜单项，用于确定案卷总编号。

单击“确定案卷总编号”后，系统弹出“案卷总编号”窗口，如图3-20所示。

图3-20 “案卷总编号”窗口

说明：

·生成总编号：单击“生成总编号”按钮后，系统按该业务类型所定义的总编号格式为所选案卷生成总编号（总编号为现有的业务最大总编号加1）。

·取总编号：单击“取总编号”按钮后，系统弹出“取总编号”窗口。

(8) 取相关业务：对于已定义了相关业务类型和相关字段的业务，如果当前流程阶段有“取相关案卷”的权限，在填表阶段就会出现这一菜单项，用于从相关业务中的选中案卷中读取当前业务的输入表格所定义的相关字段的内容，并插入到表格中的相应字段。

单击“取相关业务”按钮后，系统弹出“取相关业务编号”窗口，该窗口与所示的“取总编号”基本一致。不同的是：“取地图信息”复选项替代了“取相关业务”。“取地图信息”指相关案卷的地图定位信息也传给该案卷。

用户从案卷列表中选中一条案卷后并按“确认”按钮后，所选中案卷的相关字段信息便被复制到当前业务的对应输入表格字段中来，用户还可以再对这些字段进行编辑修改。

注意：如果该业务类型未定义相关字段，却在此处取相关业务，则系统在第一次时弹出“取相关业务编号”窗口，用户选中一案卷按确认退出后，系统给出错误提示“该业务未定义相关字段”；并且在第二次及以后当用户再取相关业务时，均不再弹出“取相关业务编号”窗口，而直接提示用户“该业务未定义相关字段”。

(9) 取业务习惯语：当用户将鼠标定位在一可填写字段中时，填表菜单出现“取业务习惯语”菜单项，单击这一菜单后系统弹出“业务习惯用语”窗口，用户可以从习惯用语列表中选取内容并插入到字段中，省去大量语句输入的烦琐。

(10) 在输入表格中，定义有带习惯用语的字段，其外形上表现为带下拉列表的文本框，点击字段旁的下拉箭头即可选择字段习惯用语。

注：字段习惯用语与业务习惯用语不同，业务习惯用语在维护系统和办公系统中都可以定义，但字段习惯用语只能在维护系统中定义。

(11) 在输入表格中，如果定义有“许可证文号”字段，且在流程阶段配置中该字段是可以填写的，则当用户将鼠标定位于字段类型为“文号”的字段中时，填表菜单中出现“生成文号”菜单项，单击后可为该输入表格生成文号。如果文号生成正确，则系统弹出如图 3-21 所示。

图 3-21　正确生成文号

（12）使用新表格：如果在维护系统中定义输入表格的表格类型为一表多用，则在填表菜单中会出现“使用新表格”菜单项，用户可以为一表多用的表格生成多个新的版本。

（13）如果在维护系统中定义输入表格中的某些字段的值通过查阅其他表格字段而来，则该字段不能被填写，只有当该字段所查阅的字段中有内容并且内容已存盘后，该字段的内容自动生成。

如果在维护系统中定义输入表格中的某些字段的值由复制其他表格字段而来，则当字段所复制的输入表格字段中已填写过内容且内容已保存后，该字段的内容自动生成，并且可以再被修改。

注意：必须保证被复制或查阅的输入表格比复制与查阅其他表格字段所在输入表格先填写。

（14）签字：对于需要经办人或领导签字的字段，在维护中配置为口令签字或多人签字的字段，激活该字段后，输入表格菜单出现“签字”菜单项。单击“输入表格”→“签字”菜单，或按鼠标右键单击“签字”，系统弹出“签字口令”窗口，如图 3-22 所示。

图 3-22　“签字口令”窗口

输入正确的签字口令后，用户的名字就会出现在相应的位置，同时，签字时间也自动显示在表格中（如果表格中定义了签字对应日期字段）。

（15）如果定义了图形字段，将光标定位在这一字段内后，输入表格菜单出现“插入图形”菜单项。单击该菜单项后，弹出“打开文件”窗口，如图 3-23 所示。

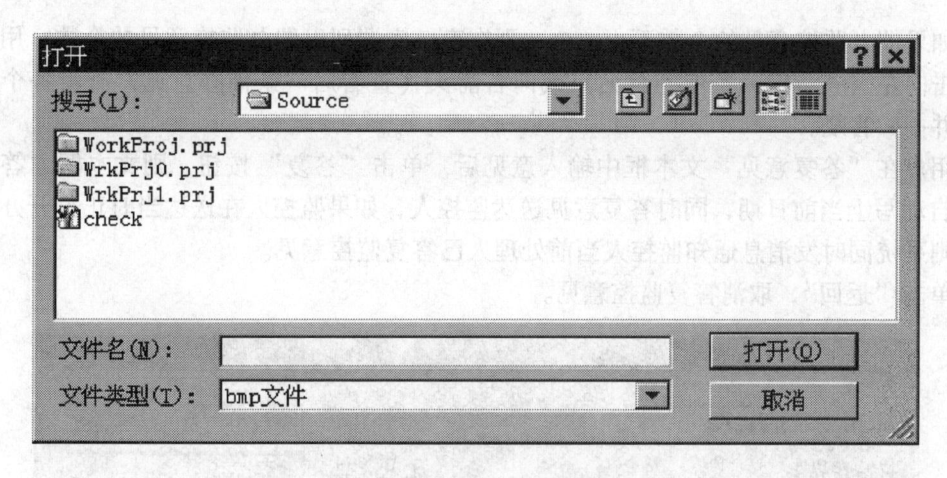

图 3-23 “打开文件”窗口

操作步骤：

步骤一：从“搜寻”旁的下拉列表中选择文件或文件夹，文件夹内可能又包含有多个文件或文件夹，构成多级嵌套关系。选中一个文件夹，单击后打开这一文件夹，窗口中间的显示框中便出现它所包含的文件或文件夹，可以继续打开文件夹直至选中所要的文件为止。文件类型列表框中可选的文件类型为（*.bmp），表明当前只可打开图形文件。选中一文件后，单击这一文件就会出现在“文件名（N）”旁边的文本框中。

步骤二：单击“打开”按钮或直接双击文件名，打开文件。放弃打开文件，请按“取消”。

插入图片后，菜单中出现“清除图片”菜单项，将光标定位在这一字段中，单击“清除图片”，可删除所插入的图片。

（16）如果表格中定义了 OLE 字段，将光标定位在这一字段内后，输入表格菜单出现“编辑 OLE 对象”和“清除 OLE 对象”菜单项。单击“编辑 OLE 对象”菜单项后，用户可以从弹出的插入对象窗口中选择要插入的 OLE 对象；也可以单击“清除 OLE 对象”菜单项，删除已经选择的 OLE 对象。选择一个 OLE 对象，使用键盘“Ctl + C”可以从这个 OLE 对象实现复制，选择另一个 OLE 对象，使用键盘“Ctl + V”就会把先前复制的 OLE 对象粘贴到这个 OLE 对象上。

（17）如果表格中定义了字符类型的字段，并且该案卷曾经上过会并有过会议记录，将光标定位在这一字段内后，输入表格菜单出现“取会议纪要”菜单项，用户可以单击该项弹出“会议纪要”对话框。可以选择“会议记录”或“会议基本情况”，然后在底部的列表中选择一项，然后单击“确定”按钮，就会把相应字段内容复制到表中。

（18）对于表中表的填写，使用键盘上的上下左右键即可移动光标；要删除表中表内的整行记录，可按“Ctrl + Delete”键；要插入一行记录，可按“insert”键，如果要在表中表最后一条记录后添加一行记录，可直接按向下的箭头。

2. 答复监控意见　对于某项已被催办过的业务，被催办人可以答复催办意见，在办箱菜单中出现“答复监控意见”菜单项。单击该菜单项后出现“答复监控意见”窗口，如图 3-24 所示。

如果催办监控意见的个数不止一个，则在窗口底端列出催办监控意见的个数，用户可以点击向左（查看前一条催办意见）或向右箭头（查看后一条催办意见）查看各个催办意见并一一答复。

用户在“答复意见”文本框中输入意见后，单击“答复”按钮，则文本框“答复时间”自动写上当前日期，同时答复意见送达监控人，如果监控人在送达当时正打开办公系统，则系统同时发消息通知监控人当前处理人已答复监控意见。

单击“返回”，取消答复监控意见。

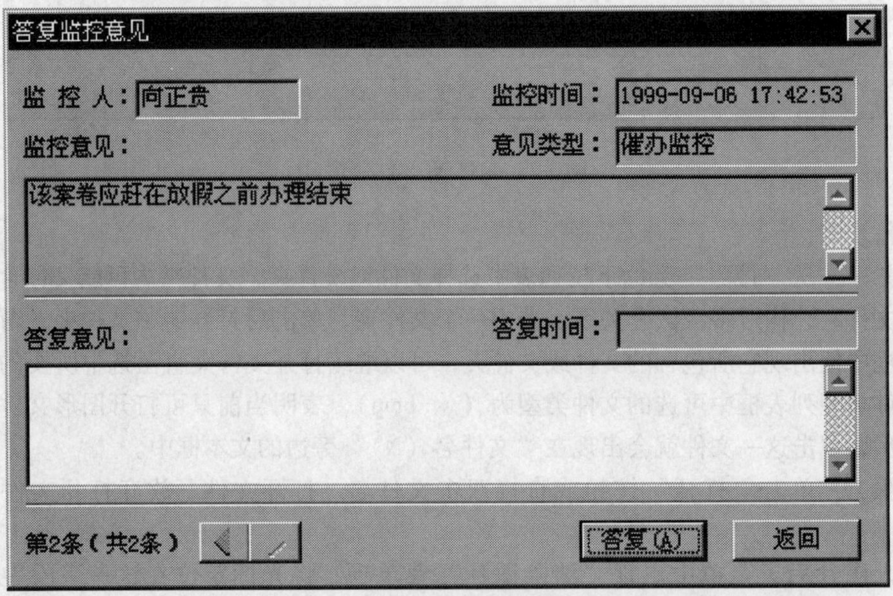

答复监控意见

监 控 人：向正贵 监控时间：1999-09-06 17:42:53

监控意见： 意见类型：催办监控

该案卷应赶在放假之前办理结束

答复意见： 答复时间：

第2条（共2条） 答复(A) 返回

图 3-24　答复监控意见

注意：只有对催办监控，才能答复监控意见；对于一般监控，不能答复催办意见，菜单中不出现这一菜单项。

3. 申请授权　经办人在办理案卷的所有的流程阶段都可以向有授权权限的人员申请授权，以缓办、延长办理时间、特批、返回用户和退文的特殊方式来处理案卷。“申请授权”窗口，如图 3-25 所示。

（1）缓办：因用户的原因希望能推迟办理业务。

（2）延长办理时间：经办人因为经办人或案卷的特殊原因而申请延长公文督办时间。

（3）特批：即不按流程规定的阶段、业务角色和人员批转案卷而选择流程中任意一个流程阶段和办理人批转。

（4）返回用户：在办理过程中如果发现资料不全或手续欠完备的情况，可申请将案卷返回用户重新报建。

（5）退文：在案卷办理过程中如果发现报建条件明显不符合要求，无须再办理下去，直接驳回申请即可，可申请对案卷作退文处理。

（6）上会：办理过程中需要上会的案卷可申请上会，才能在会议箱中进行管理。在案卷列表中选择需要申请授权的案卷后，单击“在办箱”→“申请授权”或在“在办箱”

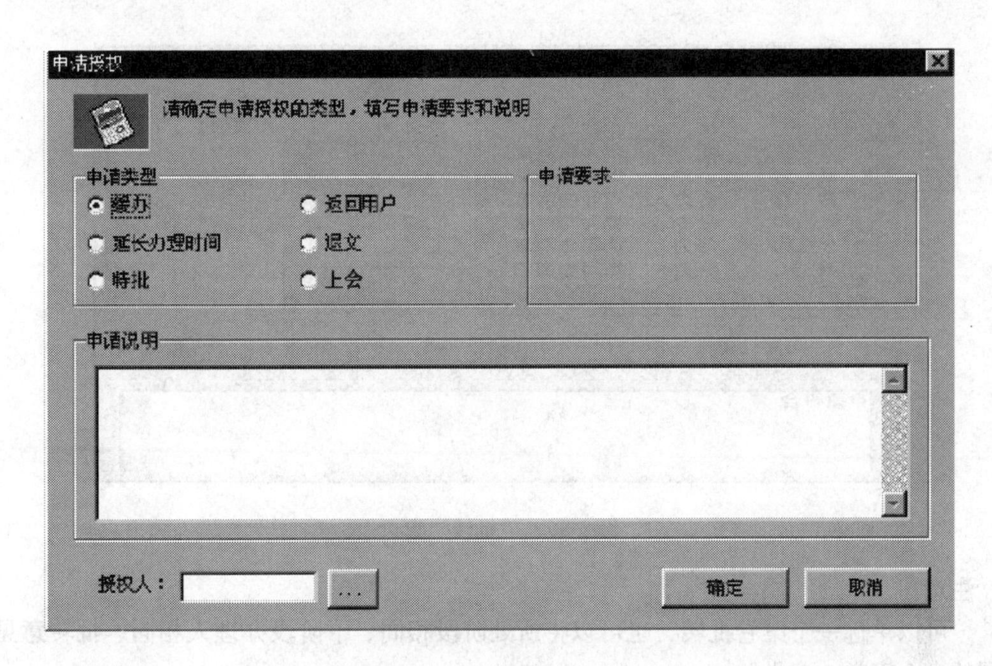

图 3-25 “申请授权”窗口

中所选的案卷上按鼠标右键，单击“申请授权”，进入申请授权窗口。

注意：如果维护系统中选择的上会方式不是“通过申请上会”，则图 3-25“申请授权”窗口中不会出现“上会”选项，用户可直接利用“在办箱”菜单的菜单项“上会”而直接上会。

申请授权时要选择申请类型和授权人，最好写明申请说明。在填写“申请说明”时也可以在“申请说明”文本框内按鼠标右键单击“取业务习惯用语”菜单使用习惯用语进行录入。在选择“授权人”时，单击...按钮，人员列表框是在维护系统中定义好的。

当申请“延长办理时间”时，在“申请要求”组合框内会出现“延长时间”文本框，申请人必须填写要求延长办理的时间；当申请“上会”时，在“申请要求”组合框内会出现“会议类型”下拉列表框，申请人必须选择会议类型；当申请“特批”时，在“申请要求”组合框内会出现“送达人”文本框，申请人必须选择特批到的人，单击送达人旁边的...按钮，出现人员选择窗口，申请者可从中选择人员。

4. 批转　案卷批转是指在案卷办理完成后需将案卷转给流程下一阶段经办人员。在案卷列表中选中一案卷后，单击“在办箱”→“批转”或按鼠标右键，在弹出式菜单中单击“批转”，即进入“批转”窗口，如图 3-26 所示。

步骤一：选择批转对象

如图所示，批转窗口有“人员列表”、“批转到”、“主办人”3 个列表框。当前经办人在批转对象列表中选择要批转的对象的名字，被选中的人名变蓝，单击“批转到（T）→”按钮，或直接双击人名，被选中的人名出现在窗口右端的“批转到对象”列表中。如果当前流程阶段有“指定主办人”权限，“主办人（P）→”按钮变亮，可以且必须为案卷指定主办人。在“批转到”对象和“主办人”列表中选中人员，单击“删除（R）←”按钮或直接双击人名，删除选中人员。

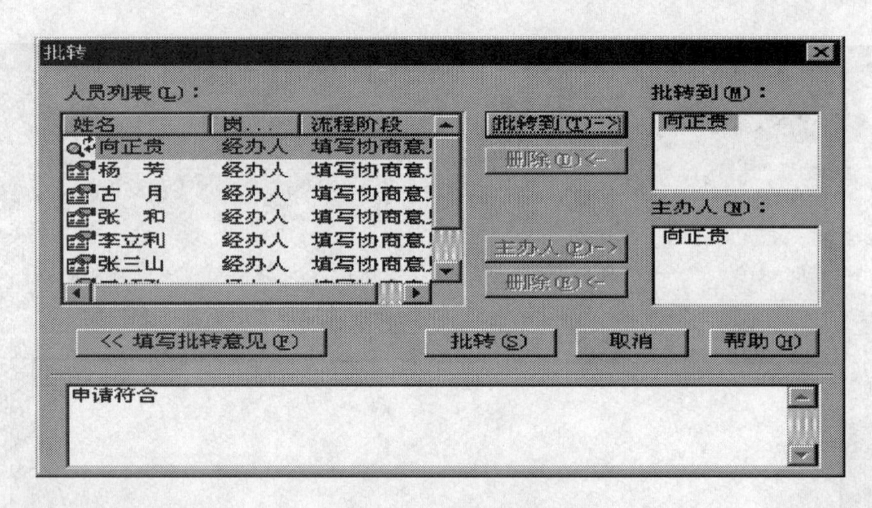

图 3-26 “批转”窗口

注意：

·可以单选一个案卷批转，也可以将所处阶段相同、下阶段办理人相同、批转意见也相同的多个案卷一起批转。

·对于需要指定主办人的流程阶段，不能多个案卷同时批转。

·对于下一流程阶段为“结束”的案卷，多个案卷不能同时批转。

·一般的批转只能选择单一阶段、单一业务角色的单一办理人，只有辅流才能且必须选择两个或两个以上的流程阶段和办理人，会流则可以选择同一流程阶段下不同的多个业务角色和办理人；可以同时指定多个主办人。

步骤二：填写批转意见

选择完批转对象后，经办人可以填写批转意见附送给下一个经办人（也可不填，直接批转）。只需单击“填写批转意见>>”按钮，“批转”窗口按钮下方便出现“批转意见”文本框，便可在其中填写批转意见。在“批转意见”文本框中按鼠标右键单击“业务习惯用语”按钮，便可弹出业务习惯用语窗口，经办人可从中选择自己所需要的常用语直接插入意见框，同时，用户还可对意见再进行编辑。

注意：在未打开“批转意见”文本框时，批转窗口的“填写批转意见”按钮上的箭头为“>>”，单击该按钮可以打开文本框；在文本框打开的情况下，“填写批转意见”按钮上的箭头为“<<”，单击可以关闭文本框。

步骤三：批转

单击“批转”按钮，便可将案卷批转给下一个经办人。

注：申请授权并得到批准后，批转菜单项的内容就会发生相应的改变，如申请缓办被同意后，“批转”菜单项将改为“缓办”；申请退文得到批准后，“批转”改为“退文”；申请返回用户得到批准后，“批转”改为“返回用户”，申请特批得到同意的答复时，“批转”菜单显示为“特批到：特批到的流程阶段，业务角色，人员”（如“特批到：经办人写意见，经办人，王杨”）。

在使用自动批转时，“批转”菜单显示为“批转（自动批转到的人名）”，单击该菜单项后，不弹出批转窗口，而直接将案卷批转到自动批转对象的收文箱中。

如果该案卷有相关案卷，在维护业务类型定义中可以定义相关业务，如果定义了办结后生成相关业务，则在批转到结束，批转完成后会弹出对话框，询问是否生成某某相关案卷，如果选择“确定”则开始相关案卷的接件；否则选择“取消”，则放弃生成该相关案件。

5. 查看案卷办理过程　单击“在办箱”→“查看案卷办理进度”，进入“查看案卷办理进度”窗口，如图 3-27 所示。

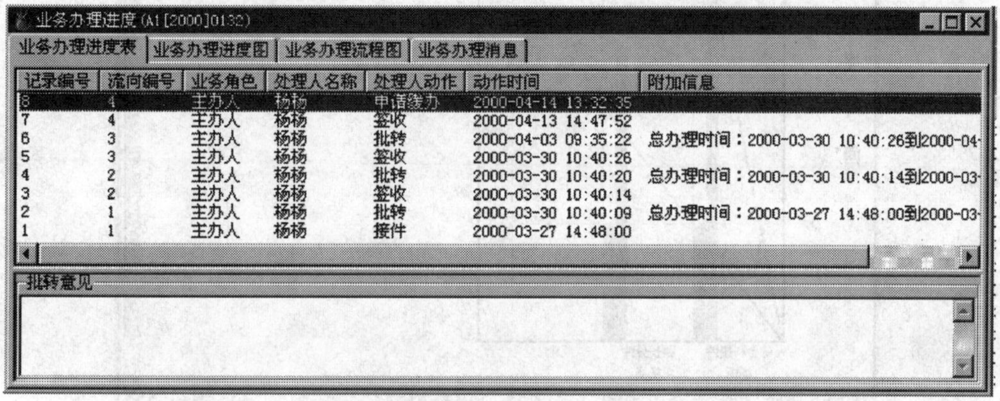

业务办理进度 (A1 [2000]0132)

业务办理进度表 | 业务办理进度图 | 业务办理流程图 | 业务办理消息

记录编号	流向编号	业务角色	处理人名称	处理人动作	动作时间	附加信息
8	4	主办人	杨杨	申请缓办	2000-04-14 13:32:35	
7	4	主办人	杨杨	签收	2000-04-13 14:47:52	
6	3	主办人	杨杨	批转	2000-04-03 09:35:22	总办理时间：2000-03-30 10:40:26到2000-04-
5	3	主办人	杨杨	签收	2000-03-30 10:40:26	
4	2	主办人	杨杨	批转	2000-03-30 10:40:20	总办理时间：2000-03-30 10:40:14到2000-03-
3	2	主办人	杨杨	签收	2000-03-30 10:40:14	
2	1	主办人	杨杨	批转	2000-03-30 10:40:09	总办理时间：2000-03-27 14:48:00到2000-03-
1	1	主办人	杨杨	接件	2000-03-27 14:48:00	

批转意见

图 3-27　查看案卷办理进度

案卷办理过程有 4 个内容：业务办理进度表、业务办理进度图、业务办理流程图和业务办理消息。

（1）业务办理进度表

在图 3-27 中单击“业务办理进度表”标签页，即可查看该案卷的办案进度。业务办理进度表中记录了业务办理过程中都经过哪些步骤，都有哪些经办人，做了哪些操作，动作开始时间等内容。其中，“附加信息”一栏在一般情况下显示某一阶段经办人的从案卷签收到批转的总处理时间，但在批转后到下一阶段经办人签收前这一段时间内显示批转到人员的名字。如果选择某一步骤，窗口底部的“批转意见”中会显示该步骤的批转意见。

（2）业务办理进度图

在图 3-27 中单击“业务办理进度图”标签页，即可查看业务办理进度图。业务办理进度图把办理过程中都经过哪些步骤，都有哪些经办人，做了哪些操作，动作开始时间等内容以图表的形式显示出来。如图 3-28 所示。

在图中红色代表超出规定办理时间，绿色表示少于规定办理时间。

蓝色表示规定办理时间。直方图表示每个阶段的办理时间，梯形图表示办理的过程。

（3）业务办理流程图

在图 3-27 中单击“业务办理流程图”标签页，即可查看业务办理流程图，如图 3-29 所示。

若所显示的流程图存在上下级流程图，可单击“业务处理”→“查看上级流程图”或“查看下级流程图”，或按鼠标右键单击“查看上级流程图”或“查看下级流程图”查看。

说明：

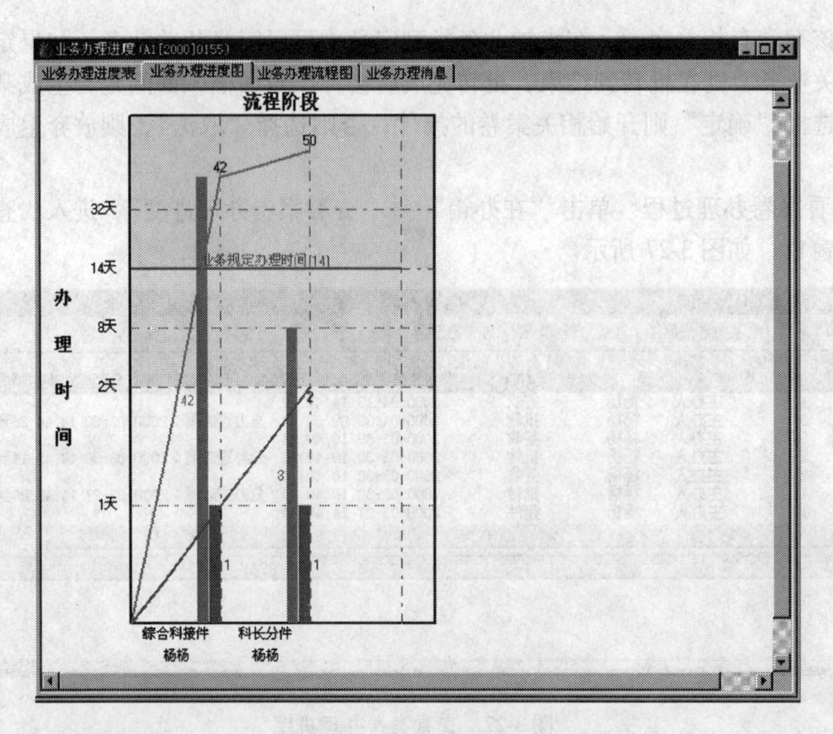

图 3-28　业务办理进度图

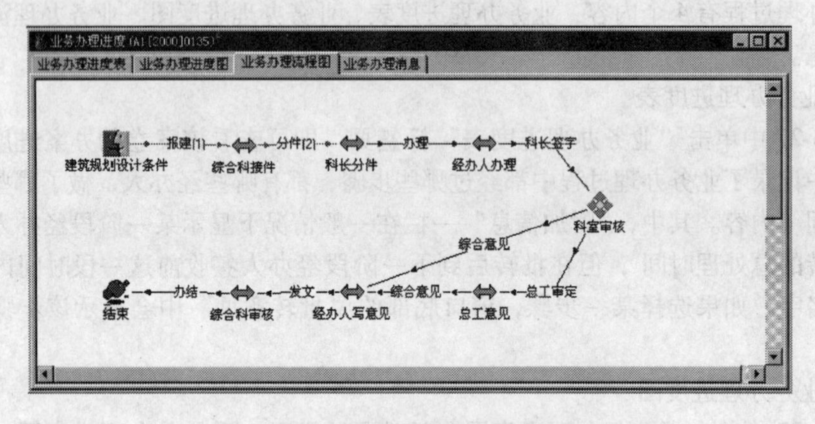

图 3-29　业务办理流程图

窗口中的黑线为在维护系统中配好的流程图，红线表明当前案卷实际走的流程，两者可以不同。

如图所示的子流程图便为主流程图的下级流程图，反之主流便为子流的上级流程图。在主流中将光标定位在“子流程图”图标上单击鼠标右键即可弹出“查看下级流程图”菜单。

相反，如果进入窗口时正处于子流阶段，则在窗口中按鼠标右键即可弹出“查看上级流程图”菜单。

（4）业务办理消息

在图 3-30 中单击“业务办理消息”标签页，即可查看业务办理消息，如图 3-30 所示。

该标签页中列出了案卷办理过程中的所有办理消息。如果有几条案卷消息，则点击某案卷消息，在下侧的两个列表中会出现该案卷消息的相应的发件人意见和收件人意见。

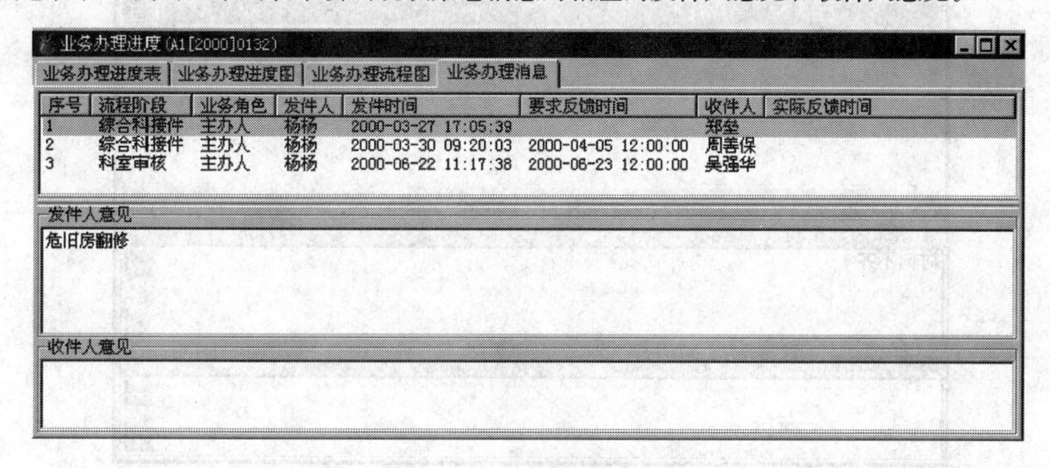

图 3-30 查看业务办理消息

6. 查看监控意见 在在办箱中选中一条案卷后，单击“在办箱”→“查看监控意见”，或在选中案卷上按鼠标右键单击“查看监控意见”后即出现“查看监控意见”窗口，如图 3-31 所示。

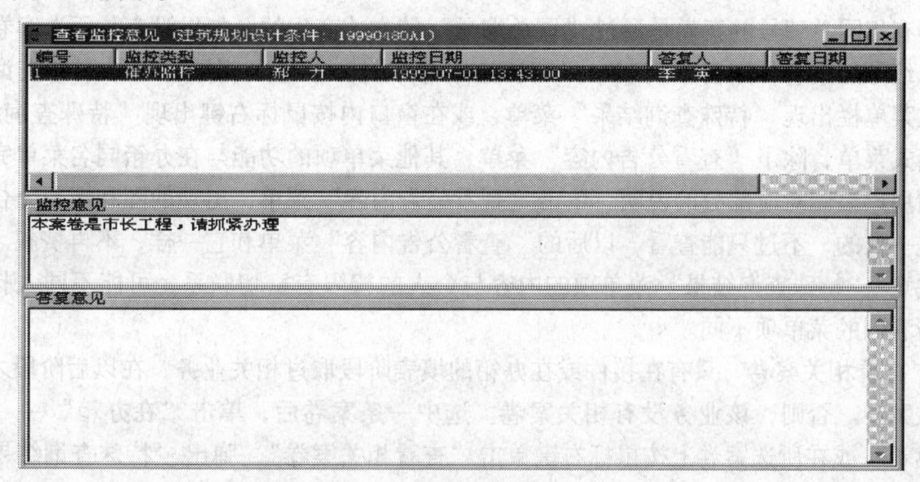

图 3-31 “查看监控意见”窗口

如果有多条监控意见，则在监控意见列表中单击选中一条意见后，对应的监控意见和答复意见便分别出现在以下的文本框中。

7. 查看授权意见 在在办箱中选中一条案卷后，单击“在办箱”→“查看授权意见”，或在选中案卷上按鼠标右键单击“查看授权意见”后即弹出“查看授权意见”窗口，如图 3-32 所示。

8. 查看相同总编号案卷 当几个业务类型使用同一总编号类型时，可以通过“查看相同总编号案卷”来查看以总编号关联起来的多个案卷。选中一条案卷后，单击“在办箱”→“查看相同总编号案卷”或在所选案卷上按鼠标右键单击“查看相同总编号案

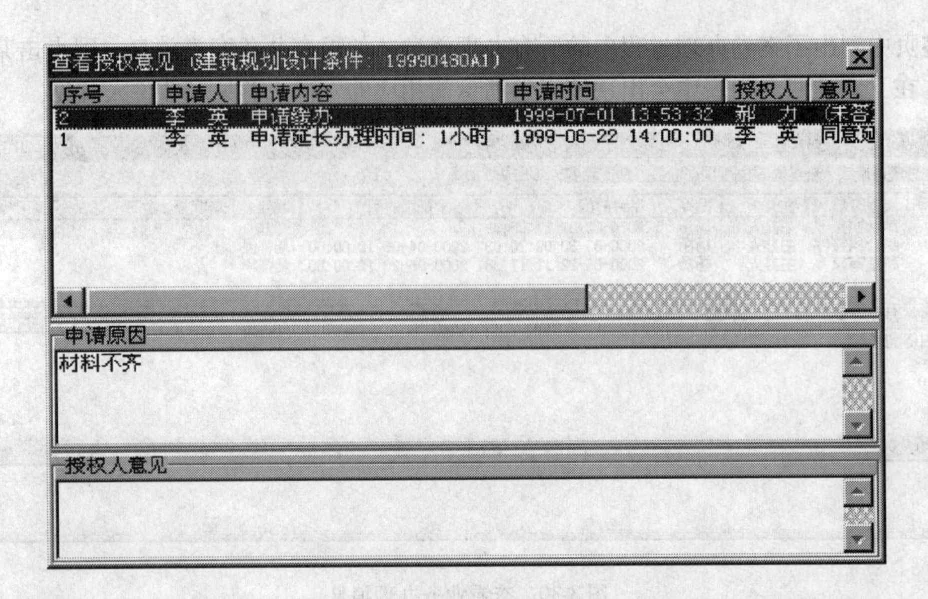

图 3-32 “查看授权意见”窗口

卷”，弹出“特殊查询结果”窗口，窗口中列出了与所选案卷具有同一总编号的所有案卷。

具有相同总编号的案卷是通过“取总编号”的方式产生的。如果没有与所选案卷具有同一总编号的案卷，则窗口列表中只有所选案卷本身。在进入相同总编号案卷查询窗口后，主菜单栏出现“特殊查询结果”菜单，或在窗口内按鼠标右键出现“特殊查询结果”的弹出式菜单，除了“查看公告内容”菜单，其他菜单项的功能与在办箱同名菜单完全一致，请用户参阅对应部分的说明。单击“查看公告内容”菜单，出现的图和填写公告内容的图是一致的，不过只能查看，以后的“查看公告内容”菜单和它一样，不再赘叙。

注意：“特殊查询结果”菜单项的内容与个人的权限有密切联系，可能不同人打开系统，所看到的菜单项不同。

9. 查看相关案卷　只有在接件或在办箱的填表阶段取过相关业务，在以后阶段才能查看相关案卷。否则，该业务没有相关案卷。选中一条案卷后，单击“在办箱”→“查看相关案卷”或在所选案卷上按鼠标右键单击“查看相关案卷”，弹出“特殊查询结果”窗口，窗口中列出所选案卷的所有相关案卷。在进入特殊查询结果窗口后，主菜单栏出现“特殊查询结果”菜单，或在窗口内按鼠标右键出现“特殊查询结果”的弹出式菜单，菜单项的功能与在办箱同名菜单完全一致，请用户参阅对应部分的说明。

注意：“特殊查询结果”菜单项的内容与个人的权限有密切联系，可能不同人打开系统，所看到的菜单项不同。

10. 作废案卷　只有拥有作废业务权限的业务办理人员才能作废案卷。选中待作废的案卷后，单击“在办箱”→“作废案卷”，完成操作。请慎重使用这一菜单项，以免为以后的工作造成麻烦。

11. 案卷过滤　案卷过滤用于从各个箱的所有案卷中筛选出一部分满足所设定过滤条件的案卷。单击“视图”→“案卷过滤”，系统弹出“案卷过滤”窗口，如图 3-33 所示。

案卷过滤窗口中字段名称来自于各个箱窗口所设置的显示条件，有多少列显示条件，就可以设置多少个过滤条件。

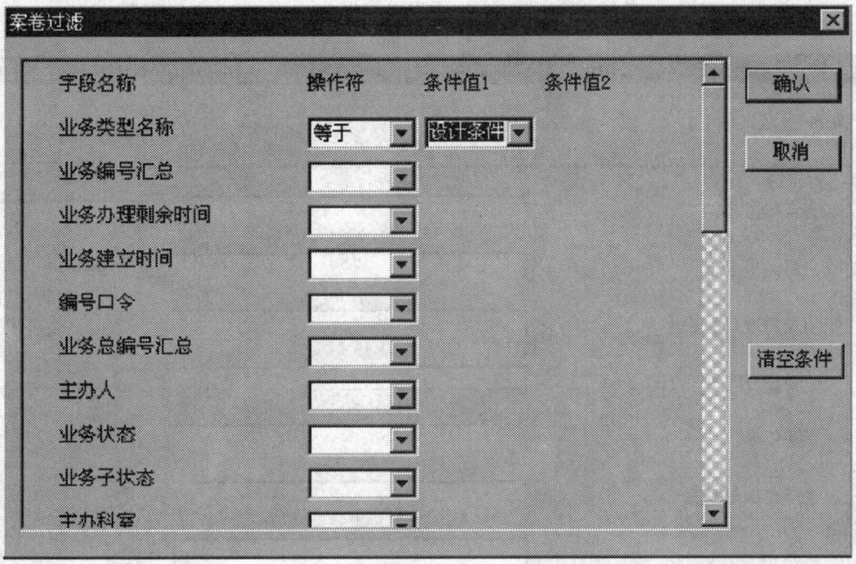

图 3-33 “案卷过滤”窗口

用户可以为其中的一个或多个字段设定过滤条件表达式，例如，图 3-33 中，可在“业务类型”过滤条件中，输入操作符为“等于”，输入条件值 1 为“建设规划设计条件”，单击确认后，在办箱刷新，只列出业务类型为“建设规划设计条件”的所有案卷。

注意：如果所选字段为系统字段，在输入“条件值”时会有一个下拉列表供选择；对于其他类型字段，在输入“条件值”时，需要手工输入。如图 3-33 中的业务类型名称字段为系统字段，条件值 1 的输入为下拉列表。

对于字段类型为字符型的过滤条件，如业务类型，有“等于”、“不等于”、“为空”、“不为空”和“包含”五种操作符。其中“包含”意为过滤条件中是否包含有某个单词，如设置过滤条件为“业务类型 | 包含 | 建设”，即查找业务类型名称中含有“建设”两个字的所有案卷。

对于字段类型为数值型或日期型的过滤条件，如业务编号和业务建立时间，有“等于”、“不等于”、“大于”、“小于”、“介于”、“不介于”、“为空”、“不为空”、“大于等于”和“小于等于”10 种操作符。

对于有些操作符，如“等于”，只有一个条件值；对于有些操作符，如“介于”，有两个条件值；而有些操作符，如“为空”，则不需要任何条件值。

单击“清除”，清除所有已设置的过滤条件。

注意：在设置了过滤条件后，系统会记忆这一次的设置，用户在下一次打开各个箱时，仍会按照上一次设置的过滤条件显示案卷，直到用户清除或重新设置过滤条件。

建议用户对于不是多次重复使用的过滤条件，及时清除，以免“找不到”箱中的某些案卷。

设置过滤条件后，该箱的状态栏内显示“过滤”字样。提示当前箱正处于过滤状态，可能有些案卷没有显示出来。

12. 案卷定位　案卷定位用于箱中案卷过多时快速查找定位其中的一条案卷。单击“视图”→“案卷定位”，系统弹出“案卷定位”窗口，如图3-34所示。

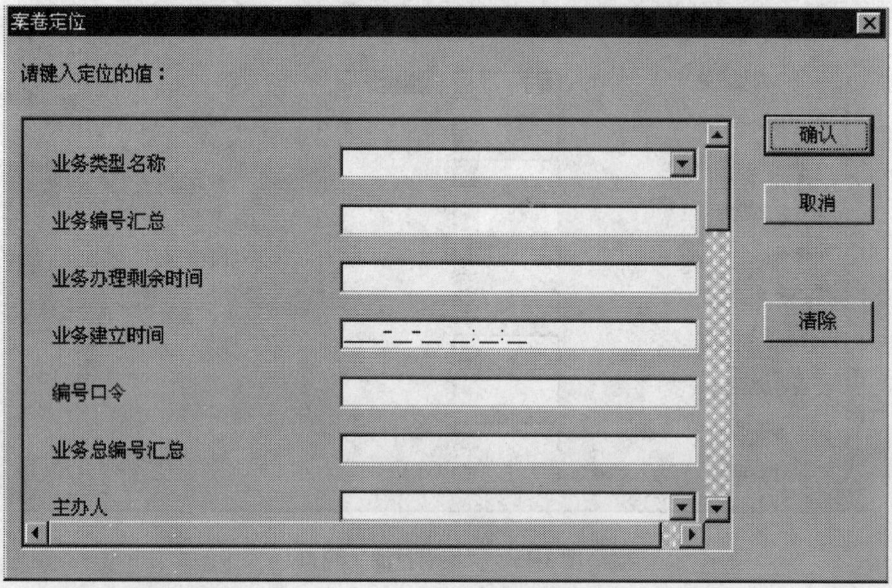

案卷定位

请键入定位的值：

业务类型名称

业务编号汇总

业务办理剩余时间

业务建立时间

编号口令

业务总编号汇总

主办人

确认

取消

清除

图3-34　“案卷定位”窗口

案卷定位与案卷过滤窗口基本一致，区别仅在于案卷定位窗口没有“操作符”项，而默认操作符为“等于”，因此对于操作条件的输入也要求一字不差，否则无法定位案卷。

设定“案卷定位”条件后，单击确认，如果存在所设定条件的案卷，光标将定位在这条案卷上，该条案卷变为蓝色；否则，光标仍停留在进入案卷定位窗口前的所在位置。如果有多个案卷满足所设置的定位条件，则光标定位在满足条件的第一条案卷上（由上而下）。如果为系统字段，案卷定位的条件就会形成下拉列表，如图3-34中的“业务类型名称”。

13. 复位　单击“视图”→“复位”，将清除所设定的过滤条件，回复到系统的缺省设置。复位菜单方便用户不必进入案卷过滤窗口就可清除所设定的过滤条件。

14. 刷新　为体现各个箱中的最新变化，请使用“刷新”菜单。例如，在从作废箱中还原案卷时，如果案卷回到的在办箱中，而在办箱当前正处于打开状态，则这一还原的案卷不能即时出现在在办箱中，此时，单击“视图”→“刷新”，或直接按“F5”快捷键，即可刷新在办箱，显示这一案卷。

注意：规管2000系统一般在各个箱体内的案卷状态发生变化时，都能实时刷新各箱体的案卷及状态显示。如授权人答复授权意见时，申请授权人的在办箱和授权人的授权箱内的授权图标状态都能实时刷新。（两个箱子都处于打开状态）。

只有作废箱和删除箱除外，从作废箱和删除箱还原的案卷，系统不能实现实时刷新。

15. 设置显示条件　设置显示条件是将案卷的其他信息增加到各个箱的显示字段中，增加的显示字段可以是系统字段，也可以是业务公共字段。

系统字段是指系统中每种业务类型都具有的字段，用于存放案卷信息及其所处的状态。如业务类型、案卷编号、业务建立时间、当前处理人、当前箱（案卷当前处于哪个箱子中）等等。

业务公共字段是指系统中多张表格都具有的内容一致但字段名不同的字段。如在用地许可证中的“报建单位”和建筑许可证中的“建设单位名称”内容一致，但字段名不同，系统将这类字段作为业务公共字段定义了一个统一的名称，方便系统统一显示和调用查询。单击“视图”→“设置显示条件”，就会出现“设置显示条件”窗口，如图3-35所示。

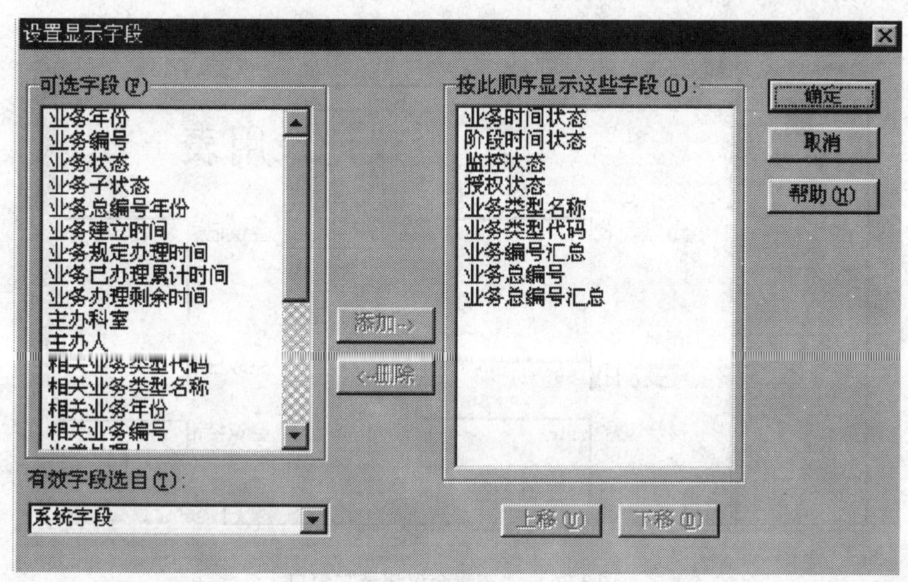

图3-35 “设置显示条件”窗口

说明：

（1）首先选择要显示的字段是来自于系统字段还是业务公共字段。自“有效字段选自”下方的下拉列表中选择。

（2）从“可选字段”中选择希望显示的字段，被选中的字段变蓝。

（3）单击 添加-> 按钮后，被选择的字段出现在右侧的列表框中，或直接双击选中该字段。

（4）如果不想显示右侧的列表框的字段，则从“按此顺序显示这些字段”列表框中选择字段后，单击 <-删除 按钮，被选择的字段回到左侧的列表框中，或直接双击该字段。

例如，用户想查看案卷的业务总编号，可以在“设置显示条件”窗口中的左侧文本框中选中这一项，单击“添加→”按钮添加到右侧文本框中，单击“确定”后，窗口中的内容随即发生变化。

对于各个显示条件的含义，这里就不全部做详细说明，基本上显示字段名称表示已比较明白，请用户自己尝试设置使用。

注：部分系统字段的说明：

业务编号与业务编号汇总：业务编号汇总完全参照维护系统定义的业务编号格式，业务编号只是业务编号汇总中的编号部分。如“19990843A1”为业务编号汇总，“843”则为“业务编号”。

请不要设置过多显示字段，否则将会影响系统速度！

16. 填写公告内容　选中一条案卷后，单击“在办箱”→“填写公告内容”或在所选案卷上按鼠标右键单击“填写公告内容”，弹出“填写公告内容”窗口，该窗口与拒签意见窗口基本相同，操作方法也一致。

17. 查看会议记录　选中一条案卷后，单击“在办箱”→“查看会议记录”或在所选案卷上按鼠标右键单击“查看会议记录”，弹出“查看会议记录”窗口如图 3-36 所示。

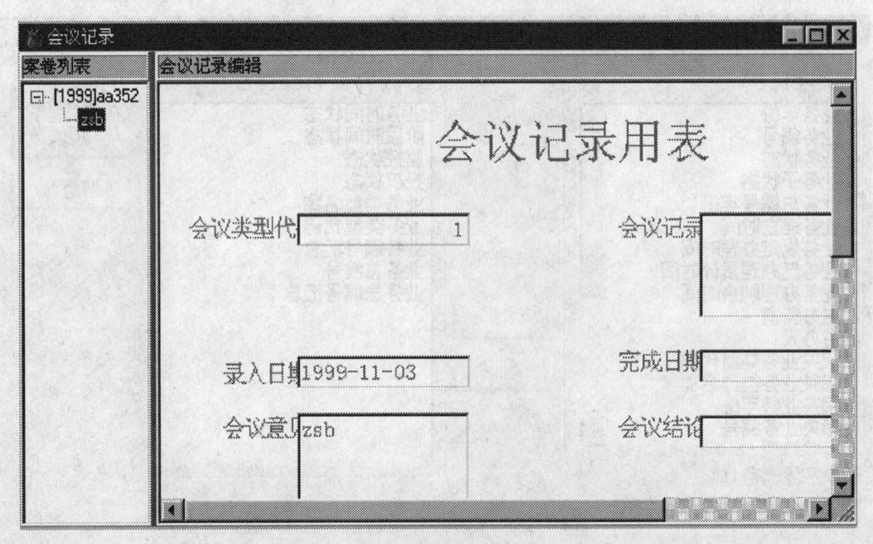

图 3-36　“查看会议记录”窗口

窗口左侧的根目录为案卷号（即业务编号汇总），右侧为案卷已经上会的会议名称、开始录入时间和结束录入时间。单击根目录左侧的加号按钮，然后选中下面的会议，出现会议记录的具体情况，其内容只能浏览。

征求意见
请确定接收消息人和征求意见
收件人：周善保　...　要求反馈时间：1　天
征求意见：
抓紧办理。
确定　取消

图 3-37　“填写案卷消息”窗口

18. 填写案卷消息　选中一条案卷后，单击“在办箱”→“填写案卷消息”或在所选案卷上按鼠标右键单击“填写案卷消息”，弹出填写案卷消息窗口，如图3-37所示。

点击“收件人”文本框旁的按钮，则可以在人员选择框中选择收件人，如图3-38，这些人员都是在维护系统的人员设置中配置的，选定一人或多人，则该人员名出现在下面的文本框中，单击确定，则该人员名称出现在图3-38中的“已选择人员”文本框中。

在“要求反馈时间”文本框中输入数值，作为要求反馈的天数。

在“征求意见”框中输入文本，也可以单击鼠标右键再取业务习惯用语。

单击“确定”后，该消息将发给收件人，并且在收件人的案卷消息箱就能看到该案卷了，并可以答复消息。

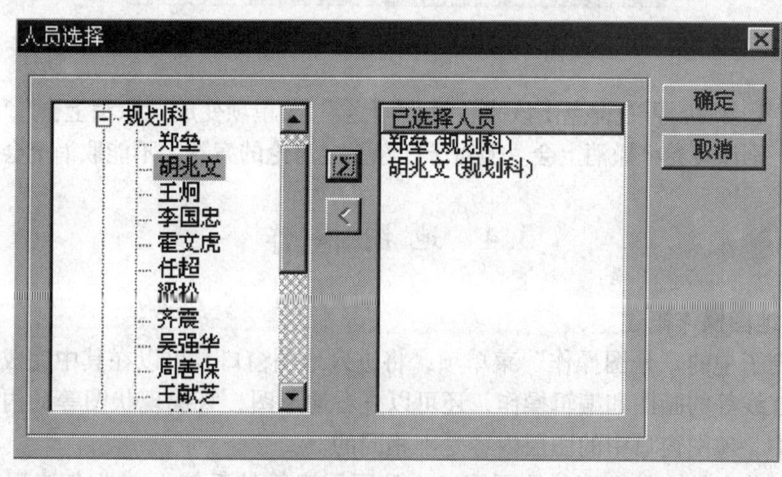

图3-38　“收件人”选择框

19. 地图操作　选中一条案卷后，单击“在办箱”→“地图操作”或在所选案卷上按鼠标右键单击“地图操作”，弹出地图操作窗口。是否能进行地图操作，即“地图操作”菜单项是否可用，取决于该案卷在此流程阶段是否有图形操作的流程权限。

20. 输出为EXCEL文件　选中任意案卷后，单击“在办箱”→“输出为...”→“Excel文件”或在所选案卷上按鼠标右键单击“输出为...”→“Excel文件”，则弹出保存窗口，其操作方法和一般的保存文件方法类似。以Excel文件格式保存，保存文件的结果为当前窗口内的所有案卷及其列。

注意：如果机器上没有安装Excel，执行本操作可能不成功。

21. 输出为HTML文件　选中任意案卷后，单击“在办箱”→“输出为...”→“HTML文件”或在所选案卷上按鼠标右键单击“输出为...”→“HTML文件”，则弹出保存窗口，其操作方法和一般的保存文件方法类似。以HTML文件格式保存，保存文件的结果为当前窗口内的所有案卷及其列。

22. 上会　选中一条案卷后，单击“在办箱”→“上会”或在所选案卷上按鼠标右键单击“上会”，弹出“选择会议类型”窗口，如图3-39所示。窗口列表为所有会议类型，选择一会议类型后，单击“确定”，该案卷即已上会。

注意：如果维护系统中选择的上会方式不是“通过申请上会”，则图3-25“申请授权”窗口中不会出现“上会”选项，用户可直接利用“在办箱”菜单的菜单项“上会”而直接

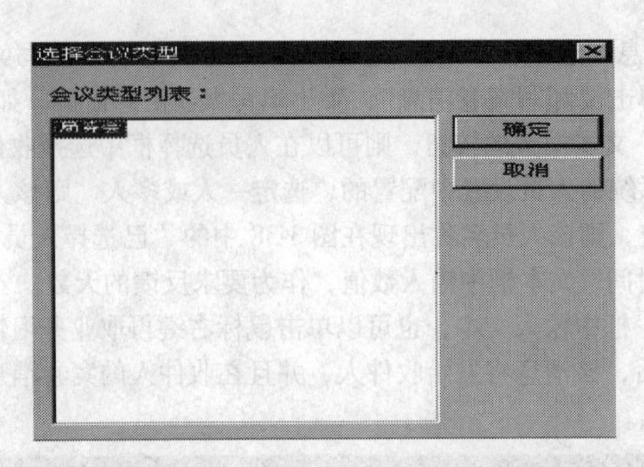

图 3-39 “选择会议类型”窗口

上会。该案卷上会后，再右键点击该案卷时，“上会”菜单项变成“取消上会”，如果再点击“取消上会”，则该案卷将撤消上会。但对于已经上会讨论的案卷，不能取消上会。

3.4 地图操作

3.4.1 地图操作概述

利用各箱子中的“地图操作”菜单项，将进入地图窗口，可以在其中完成管线、道路红线、选址红线等的画图和编辑操作，还可以查看地形图、管线现状图等的内容。但是在不同的箱子中，地图窗口中的图层内容是不相同的。

在办箱、收文箱、发文箱：地图窗口中的图层由维护系统中“业务流程图管理”—“配置流程阶段”—“图层配置”中的设置确定。

在其他箱子中进行“地图操作”时，地图窗口中的图层配置由维护系统中的“业务类型定义”—“业务角色”—“工作箱权限”和“逻辑图层操作权限”决定；即，系统根据在当前案卷所属业务类型中担当的业务角色，决定在打开的地图窗口中有哪些图层。

提示：在其他箱子中，如果某案卷的“地图操作”菜单项为灰色，表示该案卷尚无定位信息，不能对其进行地图操作。

地图窗口打开时，主菜单栏中将出现5个菜单，下面分节依次进行介绍。

3.4.2 地图窗口

1. 基本操作　如下几个菜单是最基本的，在窗口工具条和弹出菜单中都具有，功能相同：

“放大”：单击后，鼠标形状变为中间有加号“+”的放大镜，这时，在地图的任何位置单击鼠标左键，窗口显示视野将缩小一半，同时鼠标单击的位置将调整为窗口显示中心；也可以用鼠标圈定地图的某个矩形范围作为窗口的显示范围，系统将根据该矩形范围与窗口显示区的宽度比，扩大窗口显示比例（缩小视野范围）：在按下鼠标左键后，拖动鼠标至显示范围的对角点，释放鼠标左键。

“缩小”：单击后，鼠标形状变为中间有加号“+”的放大镜，这时，在地图的任何位置单击鼠标左键，窗口显示视野将扩大一半，同时鼠标单击的位置将调整为窗口显示中心；也可以用鼠标圈定地图的某个矩形范围，系统将根据该矩形范围与窗口显示区的宽度比，缩小窗口显示比例（扩大视野范围）：在按下鼠标左键后，拖动鼠标至显示范围的对角点，释放鼠标左键。

“自由移动”：单击后，鼠标形状变为白色的小手，这时，在地图的任何位置按鼠标左键，然后拖动鼠标，可以看到窗口中的地图内容随着鼠标的移动而移动，当鼠标移动至需要的位置后，释放鼠标左键即可。

“继续”：在画图、选择等操作过程中，如果需要调整窗口显示范围，可以在完成放大、缩小或移动等操作后，按本按钮，系统将进入画图、选择等操作的上一状态，可以继续进行上述操作。

2. 记录定位　可以利用本菜单项，记录窗口中地图的当前显示范围，系统将把该范围作为案卷的定位范围，即下一次进入对案卷进行“地图操作”进入地图窗口时的显示范围。

提示：利用下面的“窗口复位”菜单项，可以随时回到案卷的定位范围（参见下面的介绍）。

3. 地图定位　在“地图定位”中，公有了四种定位方式，分别是“图号定位”、“坐标定位”、“道路定位”和“案卷定位”。通过地图定位操作用户可以快速准确地设定要操作或查看的地理范围。

“地图窗口”菜单的“地图定位”菜单（包括子菜单）如图 3-40 所示，地图窗口的鼠标右键弹出菜单中也有相同内容。

在 4 种定位方式中，选择其中一种即可进入相应的“地图定位”窗口。下面具体对每种定位方式进行解释。

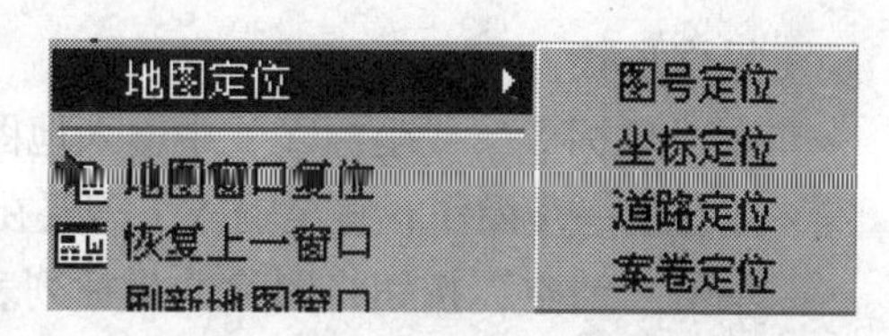

图 3-40　“地图定位”菜单

（1）图号定位：“图号定位”窗口如图 3-41 所示。

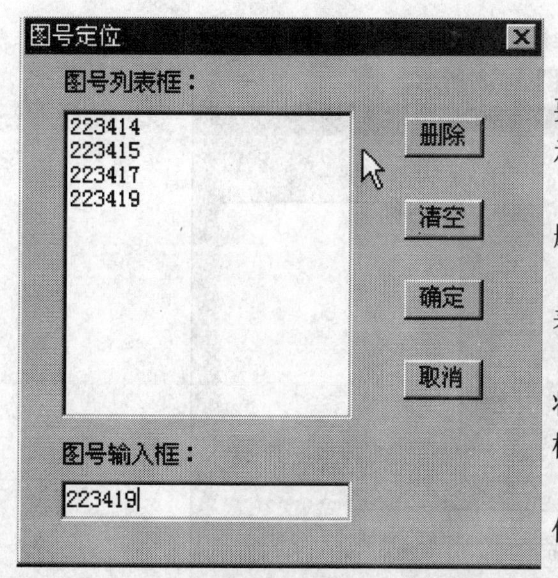

图 3-41　“图号定位”窗口

操作步骤：

从窗口下边的“图号输入框”中输入要定位的图号，并按回车键；该图号会显示在“图号列表框中”。

单击“删除”从“图号列表框”中删除不需要的图号。

单击“清空”按钮将删除“图号列表框”中的所有图号。

单击窗口右边的“确定”按钮；系统将调整地图窗口显示范围到“图号列表框”中的所有图号确定的地图范围。

单击“取消”按钮，放弃图号定位操作，并退出对话框。

另外，在定位模式下，可以使用点选、矩形选择来选定图号。同样，允许按住 SHIFT 键，进行多次操作选图号。此时，系统只取所选择图号的地形图，而不取周边地形图。

（2）坐标定位："坐标定位"窗口如图 3-42 所示。

坐标定位

坐标列表框：

	坐标X：	坐标Y：
第1点		
第2点		
第3点		
第4点		
第5点		
第6点		
第7点		
第8点		
第9点		

清空

确定

取消

图 3-42　"坐标定位"窗口

操作步骤：

在"坐标 X"、"坐标 Y"中输入地图中的电坐标数据。

重复上一步操作，直至输入了需要在窗口范围中显示的所有点的坐标数据。

单击"清空"按钮将删除"坐标列表框"中的所有坐标数据，最多可以输入 10 个点的坐标数据。

单击"确定"按钮；系统将调整地图窗口显示范围到"图号列表框"中的所有图号确定的地图范围。

单击"取消"按钮，放弃坐标定位操作，并退出对话框。

（3）道路定位："道路定位"窗口如图 3-43 所示。

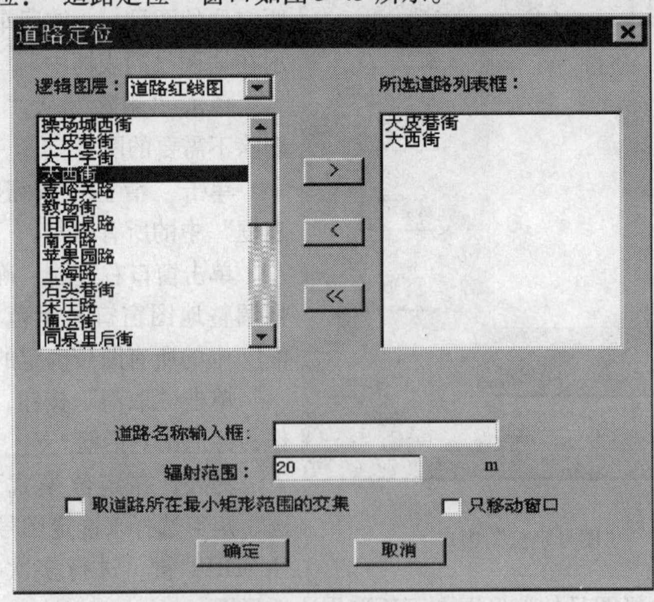

图 3-43　"道路定位"窗口

操作步骤：

从“逻辑图层”下拉列表中选择用于道路定位的定位图层，如道路红线图或者道路红线规划图，随着选择的逻辑图层变化，窗口左侧的道路名称列表中会显示选中图层中的道路信息。

提示：如果地图窗口的逻辑图层中没有配置可用于道路定位的逻辑图层，则逻辑图层下拉列表框中的内容为空，将不能进行道路定位。

单击选中窗口左侧的某条道路。

单击“ > ”按钮将将选中的道路添加到窗口右侧的定位用道路列表中；（也可以在道路名称输入框中输入道路名称、按回车键，所输入的道路名称会添加到窗口右侧的定位用道路列表中）。

利用“ < ”按钮，可以从将某已选中道路删除；单击“ << ”按钮，将删除窗口右边“所选道路列表框”中的全部道路。

单击“确定”按钮，系统将调整地图窗口显示范围到“道路列表框”中的所有道路确定的地图范围。

单击“取消”按钮，放弃道路定位操作，并退出对话框。

提示：通过在辐射范围中输入数据，来确定以道路为中心线，向两边的缓冲距离。当单击道路所在最小矩形范围的交集检查框时，将不取缓冲区，只取占压处的范围。

（4）案卷定位：“案卷定位”窗口如图3-44所示。

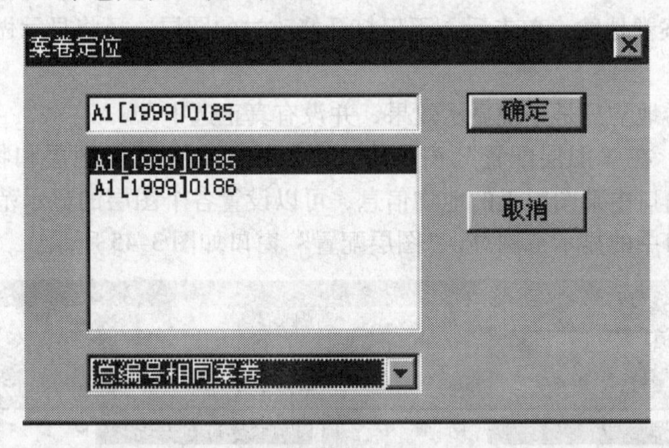

图3-44 “案卷定位”窗口

操作步骤：

如果当前案卷有“相关案卷”、“相同总编号案卷”，可以从窗口下方的下拉列表中选择其一。

窗口中间的列表中将显示相应的所有总编号相同案卷，或者相关案卷，可以从中单击选择一条案卷。

也可以直接在窗口最上方的文本框中输入某案卷的案卷编号汇总。

单击“确定”按钮，系统将调整地图窗口显示范围到指定案卷的定位范围。

单击“取消”按钮，放弃案卷定位操作，并退出对话框。

4. 地图窗口的复位与刷新

（1）地图窗口复位：在利用菜单项“记录定位”记录下某时刻地图在窗口中的显示范围后，单击本菜单项，系统将自动将窗口中地图的显示范围恢复到在该时刻的显示范围。

（2）恢复上一窗口：每出现一次窗口，系统自动地按顺序在一个列表中记录该窗口的显示范围，但最多只能记录最近的 19 个显示范围。单击本菜单项，系统将按照列表回复到当前窗口的前一个窗口显示范围。

（3）刷新地图窗口：单击本菜单项，将根据地图窗口的修改变化，重新绘制地图窗口。

（4）快速图层切换：单击本菜单项，用鼠标单击地图窗口内任意位置，如果该位置的图层不是当前图层，则将弹出对话框询问是否切换图层到该位置的图层。

5. 查看整个图层与所有选中地物

（1）查看整个图层：单击本菜单项，系统在地图窗口显示当前图层的所有地物。

（2）查看所有选中地物：单击本菜单项，系统在地图窗口显示上次查询、选择操作选中的所有地物。

6. 打开案卷有关图层与显示本案卷地物

（1）打开案卷有关图层：在业务流程过程中，对案卷有关工作图层进行了编辑工作并上到总图，系统将记录对图层所做的修改。单击“打开案卷有关图层”将直接打开修改过的图层（总图）。

（2）显示本案卷地物：单击后，不仅打开修改过的图层，还将显示做过修改或新加本案卷的地物。

注意：本案卷地物只是呈现显示效果，并没有真正选中。

7. 图层配置　在“图层配置”窗口中，可以设置各个逻辑图层和物理图层的状态，包括显示、隐藏窗口中某图层上的地物信息，可以设置各个图层的显示范围，可以控制各个图层在地图窗口中的显示范围等，“图层配置”窗口如图 3-45 所示。

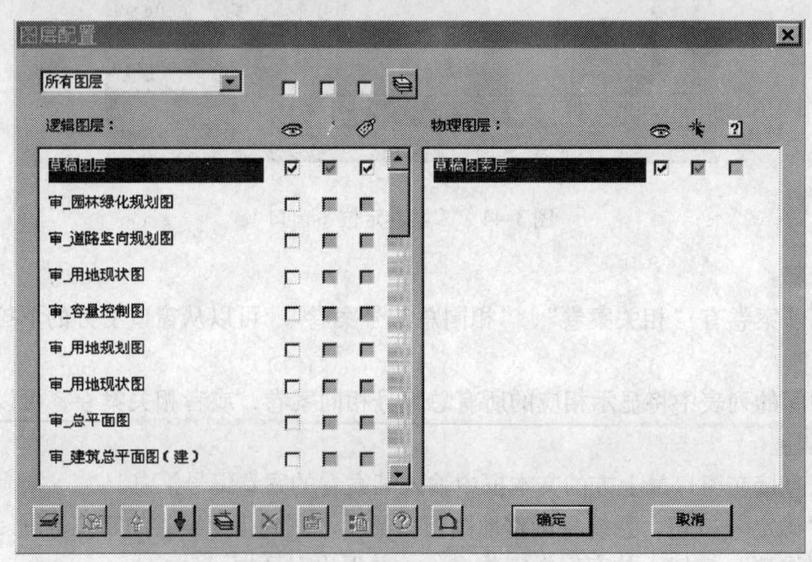

图 3-45　“图层配置”窗口

图层配置窗口上面的图层列表显示了维护系统中配置的不同类型的图层，当选择不同的类型的图层时，逻辑图层的列表也会相应改变。若由案卷办理过程中进入地图窗口，列表中的图层由维护系统中“业务流程图管理”——“图层配置”中选择的图层确定，若由“查询地图”进入地图窗口，列表中的图层由维护系统中“人员定义”——“图层配置”中选择的图层确定；列表后方的3个小方框分别代表图层3个基本属性的当前状态：

“是否可见”：是否在地图窗口中显示该图层中的内容；为了加快地图的显示速度，以及明确操作对象，可以将需要的图层显示出来，而将不需要的图层内容隐藏。

提示：反复单击某个小方框以显示或隐藏方框中的对号“√”，表示选中或不选该方框对应的属性。

“是否可编辑”：在地图窗口中是否可以对该图层进行画图、编辑等操作；在案卷办理过程中，只有草稿图层和取图成功的工作图层可以设置该属性；当从“查询地图”菜单进入地图窗口时，如果某图层的该属性设置框为灰色，处于不可使用状态，表示没有修改该图层的权限，所以不能设置其“可编辑”属性。

“是否显示标注”：在地图窗口中是否显示该逻辑图层的标注内容；选中该属性后，如果该图层上有以前所画的标注地物，将显示出来。

提示：只有设置了图层的可见属性后，才能设置图层的其他属性。

上图左侧的3个检查框控制了列表中某一类型图层所有逻辑图层是否可见、是否标注、是否显示标注。设置好这3个检查框后，单击最右侧的按钮，即可把所有当前列表中的逻辑图层设置成同一属性。

图层配置窗口右侧是当前逻辑图层中物理图层的列表，其中的内容会随着在窗口左侧选择的逻辑图层而变化；列表后方的3个小方框分别代表该物理图层当前的3个状态：

“是否可见”：是否在地图窗口中显示该类地物。

“是否可选”：在地图窗口中是否能够选择该类地物；不选该属性，则在地图窗口中对当前图层进行选择操作时，将不能选中该类地物。对于设置了“可编辑”属性的图层，其所有物理图层的可选择属性将自动被设置为有效。

“是否显示提示”：是否显示地图中该类地物的提示字段信息；选中该属性后，当选中该物理图层时，图层配置窗口下方的“提示字段”按钮将变为有效状态，可以通过该按钮的操作为该类地物设置提示字段。如果选中了该属性，但是不进行设置“提示字段”的操作，系统将用缺省的字段作为地物的提示信息。

提示：当某逻辑图层被置为不可见时，此时对其物理图层的属性设置失去意义，所以物理图层列表中的各个选项变灰，不能被选择。只有设置了物理图层的可见属性后，才能设置其他属性。

图层配置窗口下方的按钮从左至右依次为：

（1）“查找并切换到新的配置图层”：单击后，将弹出设置框如图3-46所示。

操作步骤：

在“查找”文本框中输入目标逻辑图层名称的一部分文字，系统将随着的输入在地图窗口的所有图层中实时查询，并将查询结果显示在窗口下方的列表中如图所示。

在列表中双击选中要查看的图层，系统将把图层配置对话框中的鼠标调整到选中图层上，可以立即了解该逻辑图层及其各个物理图层的属性设置情况。

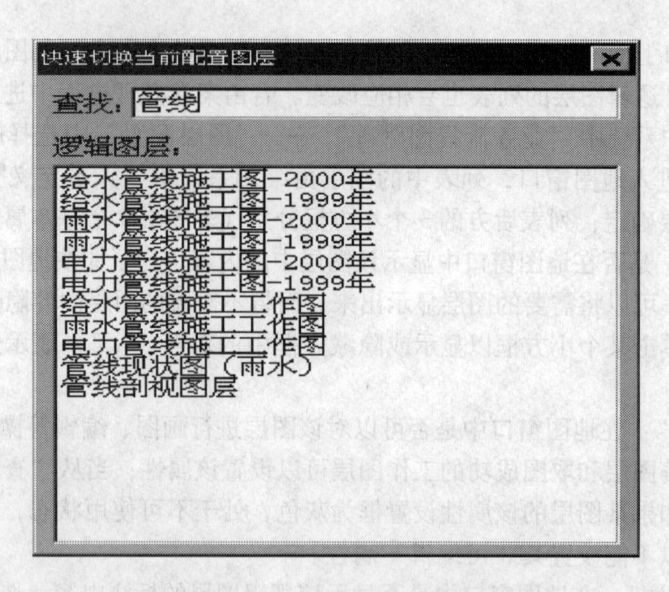

图 3-46　“图层查找”对话框

单击对话框右上方的“关闭”按钮，将放弃图层查找，并退出图层查找对话框。

（2）“显示范围”：单击后，将弹出设置框如图 3-47 所示。

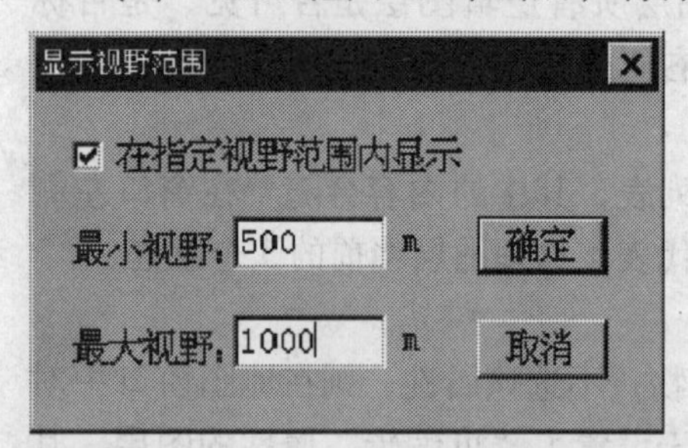

图 3-47　“显示视野范围”设置框

如果希望在任何视野范围内都显示当前图层的内容，可以反复单击“在指定视野范围内显示”前的小方框，直至方框中的“√”消失，这样，无论怎样缩放地图窗口（改变地图窗口的视野范围），当前图层中的内容将一直出现。

如果希望在指定的视野范围显示当前图层，可以单击“在指定视野范围内显示”，使小方框中出现“√”，然后分别在“最小视野”和“最大视野”文本框中输入适当的数字，作为当前图层的最小、最大显示范围；这样，只有当地图窗口的视野处于输入的数字之间时，当前图层中的内容才会显示在地图窗口中。

提示：当在最小视野中输入小于零的数据时，系统仍将其作为有效数据；但是地图窗口的视野范围将永远大于零。

单击“确定”，完成图层显示范围的配置。

单击“取消”，放弃对图层显示范围的配置操作，当前图层仍然使用以前的显示范围。

例如：为 1∶1000 的地形图设置显示范围为 0～2000m，这样当地图窗口视野范围超过 2000m 时，1∶1000 地形图中的内容将自动消失。

提示：如果在地图窗口中看不到某个图层中的地物，请检查图层配置中该图层的显示范围设置。逻辑图层显示范围的设置对其所有物理图层都有效，即当地图窗口视野范围超出逻辑图层的显示范围时，则逻辑图层中的各类地物都将隐藏。

（3）“向上”、“向下”：单击窗口左侧列表中的某个逻辑图层后，利用这两个按钮，可以调整它在地图窗口中的显示顺序，也就是它在地图窗口中的显示顺序，单击按钮后，可以看到选中的图层在列表中向上或向下移动。

提示：窗口左侧的图层列表中各个图层的上下顺序，代表它们在地图窗口中的显示顺序，地图窗口将按照从下到上的顺序显示列表中的图层，即列表最上方的图层将在地图窗口中最后显示，即显示在其他图层的上方。

例如：当热力管线被地图窗口中某面状地物掩盖时，可以利用本按钮，将热力管线图层调整到该面状地物所在图层的上方，这样，就可以在地图窗口中-看到管线显示在了面状地物的上方。

(4) “增加往年总图”：在案卷办理过程中，除了可以浏览本年的各种总图外，利用本按钮，还可以随时向地图窗口中增加想要查看的往年总图；单击后，出现如图3-48所示。

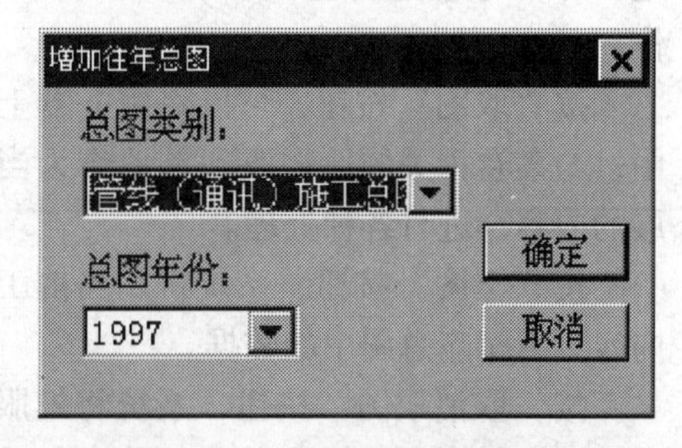

图3-48 “增加往年总图”窗口

可以从列表中选择需要的总图类型，并可从列表中选择总图年份。

选定的总图将出现在图层列表中；对新添加的总图，可以像对其他图层一样，进行各种属性设置操作。

(5) “删除临时增加图层”：单击后，选定的临时图层从图层列表中被删除。

提示：“删除临时增加图层”按钮只对通过上面的“增加往年总图”按钮添加的总图、查询结果图层、以及从参考资料窗口进入地图窗口的规划图层有效。

(6) “从服务器取图”：当光标在图层列表中的某工作图上时，如果该工作图没有进行过取图操作，那么在进入地图窗口时，该工作图对应的属性选择框都变灰，表示处于不可选择状态，这时，就可以利用本按钮，将该工作图对应的案卷所属年份的总图上，与本案卷相关的内容从服务器上取到本机，形成工作图层。取图成功后，其对应的各个属性设置框进入可选状态，可以像对其他图层一样，对它进行各种设置操作。

提示：取图成功后，该按钮重新变灰，即该工作图已经取过图，不能再进行取图操作。

(7) “上图”：在对某工作图处理完毕后，为了将所作的修改反映到对应的总图上，以便其他办案人员可以从总图上看到地图的变化，以及同一案卷的下一办理人从总图上取新的案卷地图信息，需要利用本“按钮”将工作图的内容更新到其对应的总图上。对于从未进行过取图操作的工作图，本按钮会自动变灰，处于不可用状态。

提示：利用工具条中工作图的“工作图设置”按钮，可以对地图窗口中的所有工作图进行集中的“取图”、“上图”以及设为当前图层操作。

(8) “提示字段”：当光标移动到选择了“自动提示”属性的某个物理图层时，本按钮有效；列表中是该类地物的所有属性字段，可以从中选择用作提示信息的某个属性字段；

“确定”：按照窗口中的配置信息调整地图窗口中的图层显示，并退出图层配置窗口；

“取消”：放弃在图层配置窗口中所做的配置操作，退出窗口。

提示：逻辑图层各个物理图层的属性字段在维护系统的“图层定义”—“逻辑图层”—“字段”标签页中设置。

8. 工作图设置　为了便于对地图窗口中的工作图进行集中的管理，系统提供了专门的工作图设置功能，如图3-49所示。

在工作图设置对话框中，分类显示了地图窗口中的所有工作图，以及它们的当前状态。如果“取图”按钮为灰色，表示该工作图尚未经过“取图”操作，取到本地，还不能对它进行任何编辑、查看等操作。如果“取图”按钮为亮色，表示该工作图已经经过“取图”操作，取到本地，可以对它进行查询、统计、编辑等各种操作。

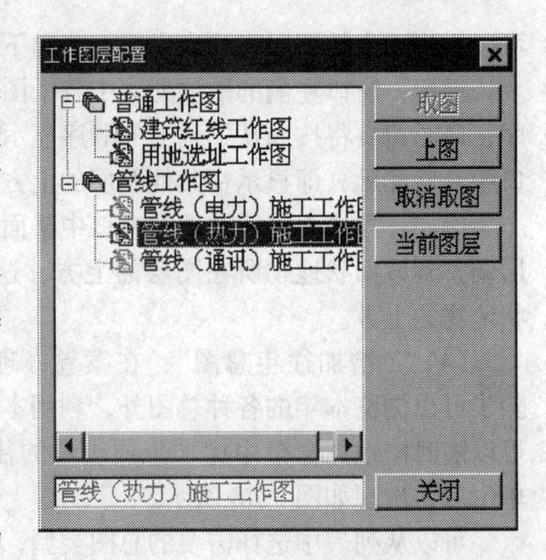

图 3-49 “工作图设置”窗口

按“取图”按钮，可以将服务器上对应总图中，与案卷相关的地物取到本地作为当前工作图层的内容，进行各种处理。

按“上图”按钮，系统将用当前工作图中的内容更新相应总图中的数据。

按“取消取图”按钮，系统将把服务器上对应总图恢复到取图前的内容，同时该工作图重新处于未取图状态。

按“当前图层”按钮，可以将当前工作图层设置为地图窗口的当前图层；

提示：各个工作图的取图、上图状态将一直保持上次退出系统时的样子，直至对其进行取图、上图操作改变了为止。

9. 基本参数设置 为了方便调整窗口范围，系统提供了放大、缩小以及左右移动窗口显示范围的快捷键，它们分别是：

放大：“+”加号键；

缩小：“-”减号键；

向上移动：“↑”箭头；

向下移动：“↓”箭头；

向左移动：“←”箭头；

向右移动：“→”箭头；

键盘操作的缩放比例、以及移动步长的设置，在“参数设置”对话框中进行；此外，为了适应不同的坐标需要，系统还设置了转换窗口中现有坐标方式，使用大地坐标的接口，坐标系统转换设置也在参数设置中进行。

单击本菜单项将弹出“基本参数设置”窗口如图 3-50 所示：

图 3-50 “基本参数设置”窗口

（1）“缩放比例”：在这里输入的数字，将作为键盘缩放的比例；比如，在这里输入 150 作为缩放比例，那么当使用“+”加号键放大窗口显示范围时，系统将把窗口范围放大 150%；当使用“-”加号键缩小窗口显示范围时，系统将把窗口范围缩小至原来的 2/3。

（2）“移动步长”：在这里输入的数字，将作为键盘移动的步长；比如，在这里输入20作为移动步长，那么当使用“↑”箭头、“↓”箭头、“←”箭头、“→”箭头，向上、向下、向左、向右调整窗口显示范围时，系统将把窗口范围分别向上、向下、向左、向右移动20%。

（3）“点选容差”：在进行编辑、画图等操作时，可以利用系统提供的抓取功能，精确地定位到窗口中地物上的某点，这里设置的点选容差就是指，以鼠标为圆心，以“点选容差”为搜索半径，当搜索范围内出现地物点时，自动抓取到该点。

（4）“状态栏中显示大地坐标”：反复单击小方框，直至其中出现“√”，这样在地图窗口状态栏中显示的坐标将使用大地坐标；进入地图窗口时，系统缺省的坐标系统为“数学坐标”。

提示：大地坐标与数学坐标之间的差别在于：前者的X轴在后一坐标系统中是Y轴，而后者的X轴在前一坐标系统中是Y轴。

（5）“管线纵剖只在当前窗口范围建立最短路径”：在进行管线纵剖时，系统首先要在纵剖的起点和中点之间建立最短路径；如果选择了本选项，那么系统将只根据当前窗口范围内的所有管线判断起点管点和中点管点是否连通；否则系统将利用全图范围的管线判断起点管点和中点管点之间的连通性。

提示：因为在全图范围建立最短路径需要搜索全图范围中的管线，所以在当前窗口范围中已经包含了连接起点管点和中点管点的情况下，选择本选项进行管线纵剖，将缩短系统建立最短路径的时间。

（6）“高速抓取”：设置了本选项，将提高抓取速度，但是在某些情况下，需要对抓取点进行精确抓取。

10. 自动取图　由于全市的地形图和规划图由若干张图拼接而成，而案卷的定位范围可能只是某张图中的一块，在打开地图窗口时，如果图层配置中有地形图和规划图，系统会自动判断案卷定位范围所在的地形图和规划图范围，并把它们从服务器上取到本地，供查看、参照；当利用放大、缩小、移动等按钮调整窗口显示范围时，可能会出现地图窗口视野超出了本地已有地形图和规划图的范围；这时，如果已经选择了“自动取图”（自动取图前的按钮处于凹下状态），系统将自动从服务器取所需的地形图和规划图，并且如果需要取的地形图和规划图数量大于9时，系统还会给出提示，请确认是否要从服务器取图；如果并没有选择“自动取图”（自动取图前的按钮处于凸起状态），系统不做任何处理。

11. 参考资料　对于办案过程中可能使用的各种规划图，以及它们的文档，系统也提供了在地图窗口中统一进行查看的功能。即使在案卷流程中没有配置某种规划图，也可以利用系统的“地图窗口”——“参考资料”功能，将需要的规划图添加到当前地图窗口中，并且查看其对应的文档内容。

单击“地图窗口”中的“参考资料”后，将弹出“参考资料设置”窗口，如图3-51所示。

窗口左侧是系统中已有的规划图类别以及各个具体的规划图：

（1）“规划图类别”：系统中的规划图共分5大类：总体规划、分区规划、控制性详规、修建性详规、建筑方案。

（2）“规划图分块”：对于不同的规划图，全市的分块情况可能不同，列表中显示的是当前选中规划图大类对应的各个分块。

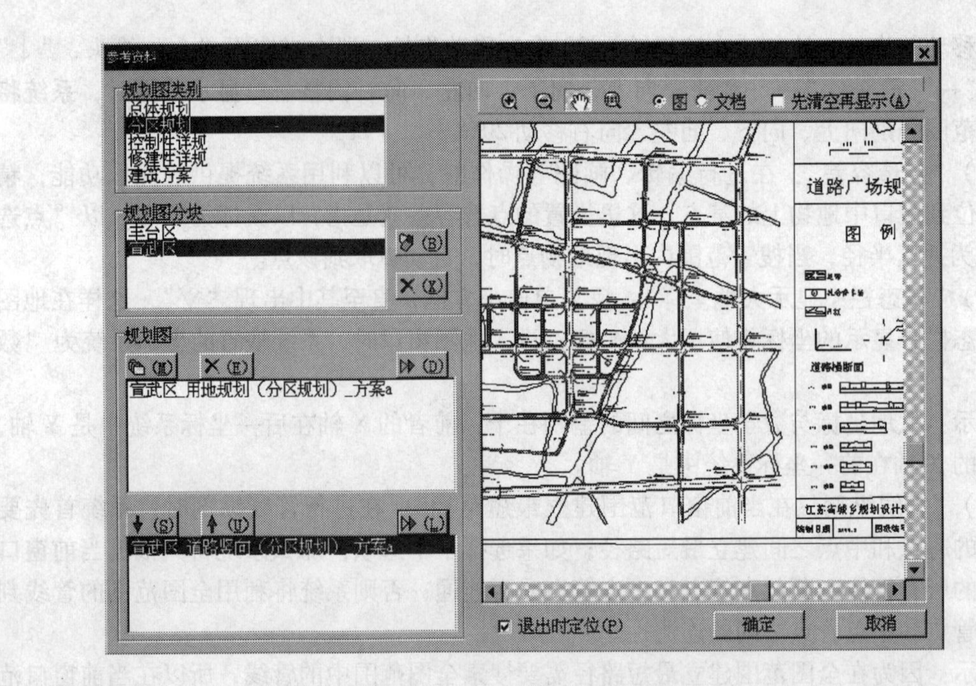

图 3-51 “参考资料设置”窗口

（3）“规划图”：对分区规划、控制性详规、修建性详规以及建筑方案等规划图大类，系统又详细分为若干具体的规划图类别，称为规划图小类；比如对分区规划，又可以分为：用地现状图、用地规划图、容量控制图、道路竖向规划图、管线规划图、管线综合图等；“规划图”中“选入”和“选出”两列表中显示的是当前地块上已有的，当前规划图大类下的各小类规划图。

例如：在当前“规划图类别”列表中的选中对象是“分区规划”，当前地块是“丰台区”的情况下，“规划图”中“选入”和“选出”两列表中的内容可能为“用地现状(分区规划)”、“用地规划图（分区规划）”、“管线规划图（分区规划）”。

窗口中的各个按钮分别介绍如下：

（1）“增加地块”：为了地图的实际需要，可以在相应的规划图中增加地块；单击该按钮后，将弹出增加地块窗口如图 3-52 所示。

增加地块

地块名：海淀区　　地块号：00003

地块范围（m）

最小X：20000　　最大X：25000

最小Y：20000　　最大Y：25000

确定　　取消

图 3-52 “增加地块”窗口

在各个文本框中输入合适的内容后，按确定就完成了为当前规划图大类增加地块的操作。

提示：同一规划图大类的地块编号不能重复，如果输入了重复的地块号，系统会提示重新输入。

(2)“删除地块”：本操作将删除当前规划图大类的选中地块；单击后，系统会要求确定删除操作。如图 3-53 所示。

(3)“新增规划图”：单击后，将弹出“新增规划图”窗口如图 3-54 所示。

图 3-53 “删除地块”窗口

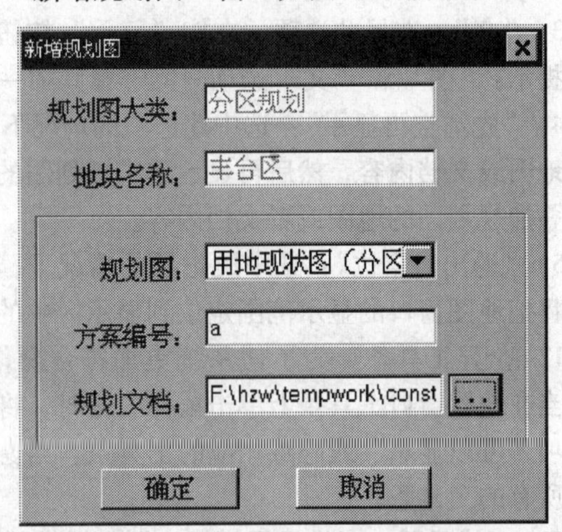

图 3-54 “新增规划图”窗口

窗口上方的“规划图大类”和“地块名称”中显示了当前规划图大类和当前地块名称。

操作步骤：

在“规划图”列表中选择当前规划图大类的某规划图小类。

在“方案编号”中输入新规划图的方案号。

在“规划文档”中输入与新规划图对应文档的全路径，或者单击文本框后的按钮将弹出文件选择对话框。

单击“确定”完成为当前规划图大类的当前地块添加规划图的操作。

单击“取消”放弃操作。

(4)“删除图”：本操作将删除当前规划图大类的选中地块上的当前规划图；单击后，系统会要求确定删除操作。

“确定”：单击后，将退出参考资料窗口，同时“选出”列表中的所有已选中规划图的地图将作为新图层添加到地图窗口中，并显示在地图窗口中现有图层的最上方；添加后，可以像对其他图层一样对规划图层进行各种属性配置、查询等操作。

“取消”：单击后，将退出参考资料窗口，地图窗口中的图层和显示范围仍保持不变。

(5)“选入”：列表中显示的是当前地块上，当前规划图大类下的各小类规划图中，还没有被选中，即在地图窗口中不需要查看其内容的规划图；在“选入”列表中选中规划图后，单击“选入”或者双击选中的规划图，则选中的规划图将出现在“选出”列表中。

(6)“选出”：列表中显示的是当前地块上，当前规划图大类下的各小类规划图中，需要在地图窗口中查看其内容的规划图；在“选出”列表中选中规划图后，单击“选出”

或者双击选中的规划图，列表中的当前规划图将出现在“选入”列表中，表示不需要在地图窗口中查看其内容。

(7)“显示”：该按钮在“选入”列表右上角；单击后，系统将根据窗口右侧选择的“图”或“文”，显示“选入”列表中选中的规划图对应的地图内容或文档内容。

窗口右侧显示区上方的按钮及其功能如下：

1)“原始大小”：单击后，显示区中的地图将恢复到初始显示比例。

2)“图”：选择此选项，在按“显示”按钮时，系统将显示规划图的地图内容。

3)“文”：选择此选项，在按“显示”按钮时，系统将显示规划图的文档内容。

提示：“图”和“文”选项只能选择其中一个，不能都选。

4)“先清空再显示”：选中此选项的情况下，按“显示”按钮，系统将首先清空窗口中的地图或文档内容，然后再显示选中规划图的地图或者文档内容；否则，系统将在显示区中叠加规划图的地图或者文档内容。

5)“退出时定位”：选中此选项的情况下，当按“确定”按钮推出参考资料窗口时，系统将把地图窗口的显示范围定位到显示区中的地图范围。

12. 全显工具条　为了使系统更加符合操作习惯，系统提供了“定制工具条”的功能，当在地图窗口工具条上单击鼠标右键时，将弹出如下的工具条定制菜单，反复单击某菜单项，可以显示、或隐藏相应的工具条。当窗口中的所有工具条都被隐藏后，可以重新显示所有的工具条。

13. 三维显示　三维显示模块为用户提供了直观地查看地形图上地物的功能，在三维显示窗口中，可以看到楼宇之间的高低层次，可以放大、缩小显示比例，还可以从X、Y、Z三个角度平移或旋转窗口显示。单击该菜单后出现“三维显示”窗口如图3-55所示。

图3-55　“三维显示”窗口

3.4.3 画图操作

本菜单中共有26个菜单项。

1. “点”：单击本菜单项后，鼠标形状变为“+”，这时在地图上单击鼠标左键，就会在鼠标所在位置产生一个点。点的样式由当前的选定地物的格式确定，对于草稿图层，所画的点为黑色五角星。

提示：如果当前图层是草稿图层，则所画地物的样式由系统缺省的格式确定。否则，由“地物列表”中当前选中地物的样式确定。

2. “文本”：单击本菜单项后，在地图上单击鼠标左键，将弹出如图3-56“文本格式设置”窗口。

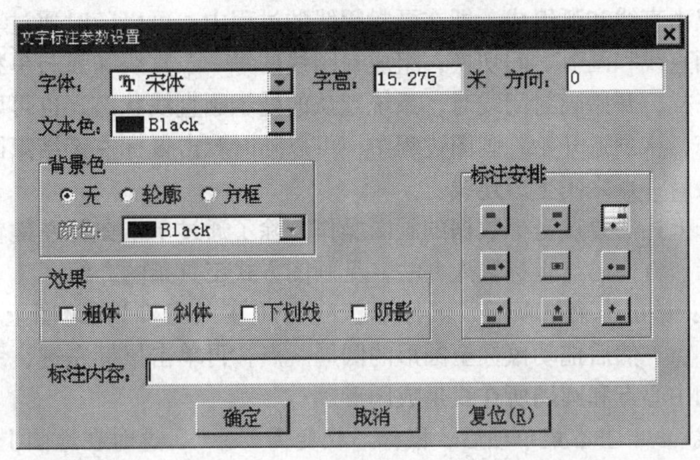

图3-56 “文本格式设置”窗口

可以在其中设置文本的字体、颜色、背景色等属性，在“标注内容”文本框中输入的文字，将作为标注内容显示在地图窗口中。

单击“确定”，将退出设置框，同时在刚才鼠标单击的位置，将按照设置的属性，出现在“标注内容”文本框中输入的文字。单击“取消”，将退出设置框，但是地图窗口中不产生任何文本内容。单击“复位”，系统将把设置框中的各个文本属性恢复到进入设置框时的状态。

提示：如果已经设置了“使用系统字体”，那么在弹出的设置框中，与系统字体设置中重复的属性将成为不可改变的，即只能改变文本的“标注安排”、“字高”、“方向”3个属性。

3. “线”：单击本菜单项后，鼠标形状变为“+”，这时在地图上单击鼠标左键，选定直线段的起点，然后拖动鼠标至线段终点，再单击鼠标左键，系统将在选定的线起点和终点之间产生一条直线段。

提示：在确定（鼠标单击或者输入数据）了一点坐标后，随着鼠标的移动，在屏幕上会出现鼠标当前位置与上一点之间的橡皮筋，以便于确定下一点的位置；对所有需要两点、多点坐标的选择和画图操作中，在确定了第一点的坐标后，系统都将动态地在鼠标当前位置和已经确定的点之间生成橡皮筋，作为确定下一点坐标的参照。在操作过程中，也可以随时按ESC键退出操作状态，恢复到点选的系统缺省状态。

4. “连续线”：单击本菜单项后，鼠标形状变为“ + ”，系统处于画连续线状态，这里的连续线可以由直线和弧组成，即在画连续线的过程中，可以随时通过单击画直线或画弧的按钮，在画直线和画弧之间切换；组成连续线的每一条直线和弧与单独的直线和弧的画图方法完全一样；开始画连续线时，系统默认的处于画直线状态，也可以单击画弧按钮切换到画弧状态，从画弧开始；双击鼠标左键将完成操作，并恢复到点选的系统缺省状态。

5. “弧线”：单击本菜单项后，鼠标形状变为“ + ”，系统处于画弧线状态，可以通过输入任意 3 点坐标的方式，画一段经过这 3 点，并且分别以第一点和第 3 点为起点和终点的圆弧。

6. “封闭线”：单击本菜单项后，鼠标形状变为“ + ”，系统处于画连续线状态，这里的封闭线可以由直线和弧组成，即在画封闭线的过程中，可以随时通过单击画直线或画弧的按钮，在画直线和画弧之间切换；组成封闭线的每一条直线和弧与单独的直线和弧的画图方法完全一样；开始画封闭线时，系统默认的处于画直线状态，也可以单击画弧按钮切换到画弧状态，从画弧开始；画图过程中，可以随时双击鼠标左键结束画图，系统将自动在第一点和最后一点之间生成连线。

提示：对于上述需要点坐标数据的画图操作，除了通过单击鼠标左键输入数据外，系统还提供了灵活、方便的点坐标输入办法，见画图方式工具条的介绍。

7. “圆线”：单击本菜单项后，鼠标形状变为“ + ”，这时在地图上单击鼠标左键，选定圆形的中心点，然后拖动鼠标至圆形的圆周一点，再单击鼠标左键，系统将以选定的两点作为圆形的中心点和圆周所在线生成圆形。

8. “矩形线”：单击本菜单项后，鼠标形状变为“ + ”，这时在地图上单击鼠标左键，选定矩形的一个顶点，然后拖动鼠标至矩形的对角点，再单击鼠标左键，选定第 2 点，系统将以选定的两点作为矩形的对角点生成矩形。

9. “椭圆线”：单击本菜单项后，鼠标形状变为“ + ”，这时在地图上单击鼠标左键，选定椭圆形的中心点，然后拖动鼠标至外切矩形的一顶点，再单击鼠标左键，系统将以选定的两点作为椭圆形的中心点和圆周所在线生成椭圆形。

10. “平行线”：单击本菜单项后，鼠标形状变为“ + ”，系统处于画平行线状态，首先，可以用鼠标左键单击屏幕上的任意两点，或者输入两点坐标，确定参照线，然后再用鼠标左键单击屏幕上的任意两点，或者输入两点坐标，确定平行线的起点和终点。

11. “延长线”：单击本菜单项后，鼠标形状变为“ + ”，系统处于画延长线状态，首先，可以用鼠标左键单击屏幕上的任意两点，或者输入两点坐标，确定参照线和方向，第 2 点击即为延长线的起点，然后再输入一点坐标或用鼠标在屏幕上单击任意一点，作为延长线的终点。

12. “垂直线”：单击本菜单项后，鼠标形状变为“ + ”，系统处于画垂直线状态，首先，可以用鼠标左键单击屏幕上的任意两点，或者输入两点坐标，确定参照线，然后再输入 2 点坐标或用鼠标在屏幕上单击任意两点，作为垂直线的起点和终点。

13. “标准平行线”：单击本菜单项后，鼠标形状变为“ + ”，系统处于画标准平行线状态，首先，可以用鼠标左键单击屏幕上的任意两点，或者输入两点坐标，确定参照线，然后在“标准平行线参数设置”对话框中输入“平行线条数”、“退后距离（m）”、“放大倍数”，系统将按照指定参数自动生成平行线。

14. “标准垂直线”：单击本菜单项后，鼠标形状变为“ +”，系统处于画垂直线状态，首先，可以用鼠标左键单击屏幕上的任意两点，或者输入两点坐标，确定参照线；然后再输入一点坐标或用鼠标在屏幕上单击任意一点，作为垂直线的起点，系统将在该点和垂足之间形成一条垂直线。

15. “自由面”：单击本菜单项后，鼠标形状变为“ +”，系统处于画自由面状态，可以通过输入多个点坐标的方式，画一段以这些点的连线为边线的封闭面。

16. “圆面”：单击本菜单项后，鼠标形状变为“+”，系统处于画圆面状态，可以用鼠标左键单击屏幕上的任意两点，或者输入两点坐标，作为圆的中心点和圆周上一点的坐标，系统将自动生成圆面。

17. “矩形面”：单击本菜单项后，鼠标形状变为“ +”，系统处于画矩形面状态，可以用鼠标左键单击屏幕上的任意两点，或者输入两点坐标，作为矩形两对角点的坐标，系统将自动生成矩形面。

18. “椭圆面”：单击本菜单项后，鼠标形状变为“ +”，系统处于画椭圆面状态，可以用鼠标左键单击屏幕上的任意两点，或者输入两点坐标，作为椭圆的中心点和外切矩形的一顶点的坐标，系统将自动生成椭圆面。

19. “坐标画图”：利用本菜单项的功能，可以使用坐标输入的方式，完成连续线画图、以及多点画图操作。单击后，将弹出如图 3-57 所示的对话框。

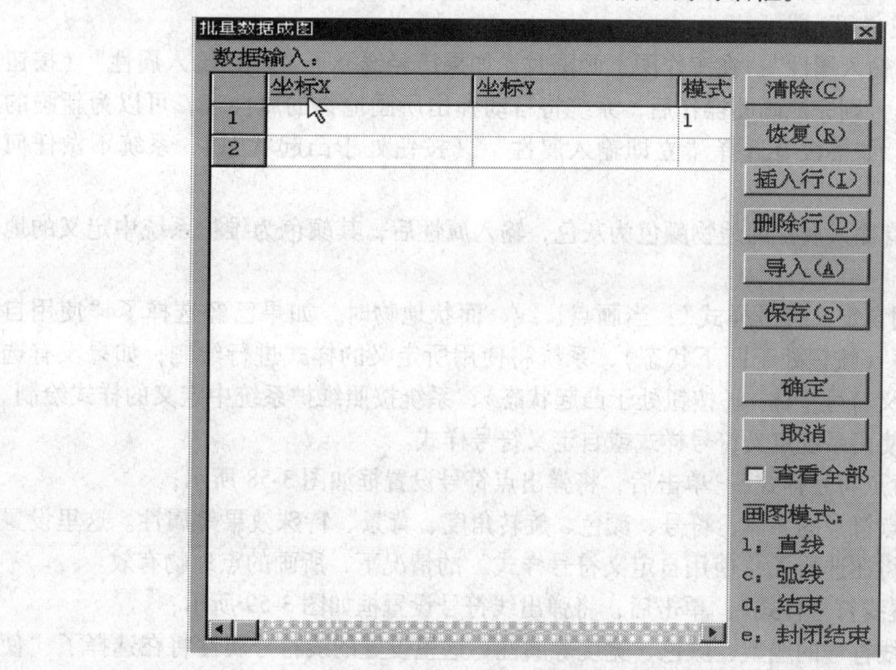

图 3-57 “坐标画图”对话框

操作步骤：

依次在各行中输入点坐标数据和画图模式代码。

单击“插入行”，产生新的空白行，可以继续输入点坐标数据。

单击“恢复”，系统将取消最后一次数据输入或者数据编辑操作。

单击“清除”，系统将清空列表中点所有内容。

单击“导入”，可以选择所需的数据图形文件导入到这里。

单击“保存”，可以将这里的批量数据以文件形式保存。

反复单击“查看全部”，可以选中、不选中本选项；在选中的情况下，系统将调整窗口显示范围以显示全部新画的地物；否则，地图窗口显示范围不改变。

单击“确定”后，系统将根据当前地物的类型，完成相应的连续线画图，或者多点画图操作。

单击“取消”放弃坐标画图操作，并退出坐标输入对话框。

提示：如果需要的是封闭的连续线，必须在最后一个点坐标数据后输入“E“为画图模式；如果需要的是不封闭的连续线，可以在最后一个点坐标数据后输入“D”为画图模式；在没有输入结束代码的情况下，系统的缺省结束画图代码为“D”。

在以“E”或者“D”为画图模式代码的数据行以后，可以继续输入下一条连续线的点数据，即可以在不退出本对话框的情况下，完成多条连续线的画图操作；但是，在前后两条连续线的数据行之间，不能出现空白的数据行。

在当前地物的“坐标标注”的情况下，使用本菜单项将完成多个自动坐标标注地物的画图，而非连续线形式的手动坐标标注。

“L”与“C”是两种连续线画图模式，在切换画图模式以前，系统将一直使用原先的画图模式，即可以不必在每一数据行都输入“L”或“C”，只要在切换画图模式的数据行中输入“L”或“C”即可。

20. “立即输入属性”：在工作图上画图时，如果已经选择了“立即输入属性”（按钮处于凹下状态），则完成画图操作后，系统将自动弹出所画地物的属性表，可以为新画的地物设置属性；如果没有选择“立即输入属性”（按钮处于凸起状态），系统不做任何处理。

提示：没有输入属性的地物颜色为灰色，输入属性后，其颜色为维护系统中定义的地物颜色。

21. “使用自定义符号样式”：当画点、线、面状地物时，如果已经选择了“使用自定义符号样式”（按钮处于凹下状态），系统将使用所定义的样式进行绘制；如果没有选择“使用自定义符号字体”（按钮处于凸起状态），系统按照维护系统中定义的样式绘制。这样，就可以使用系统定义符号样式或自定义符号样式。

22. “设置点符号样式”：单击后，将弹出点符号设置框如图 3-58 所示；

可以设置点符号的字体、符号、颜色、旋转角度、背景、特殊效果等属性。这里设置的点符号属性将在选择了“使用自定义符号样式”的情况下，所画的点地物有效。

23. “设置线符号样式”：单击后，将弹出线符号设置框如图 3-59 所示；

可以设置线符号的线型、颜色、宽度等属性；这里设置的线符号属性将在选择了“使用自定义符号样式”的情况下，所画的线地物有效。

24. “设置线符号样式”：单击后，将弹出面符号设置框。

可以设置线面符号的线型、颜色、宽度等属性；这里设置的面符号属性将在选择了“使用自定义符号样式”的情况下，所画的面地物有效。

25. “使用自定义文本样式”：当输入文本时，如果已经选择了“使用自定义文本样式”（按钮处于凹下状态），系统将使用所定义的文本样式进行绘制；如果没有选择“使

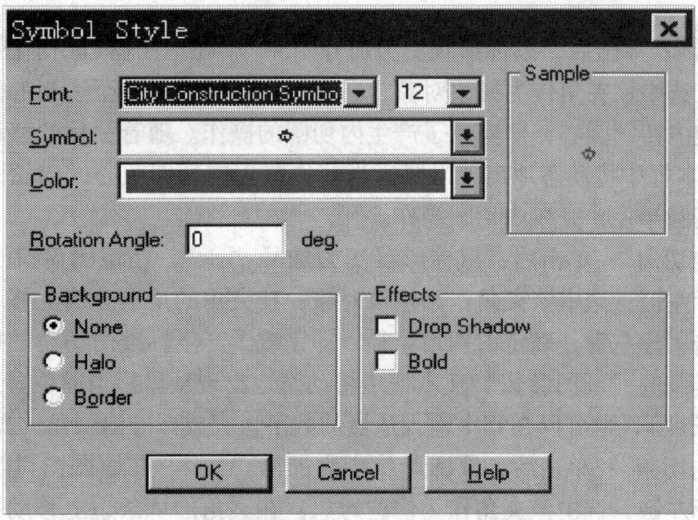

图 3-58 “设置自定义点符号样式”对话框

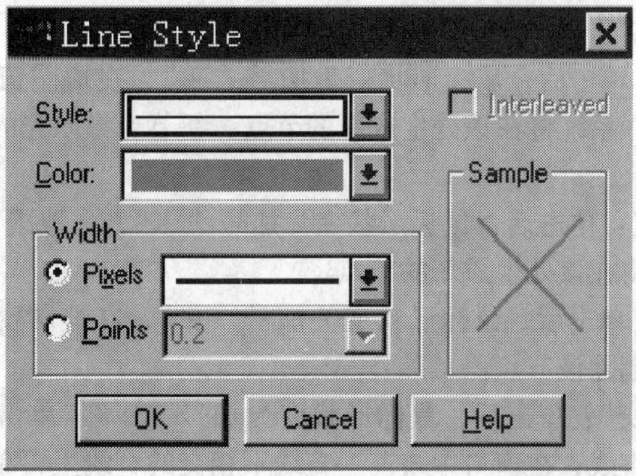

图 3-59 “设置自定义线符号样式”对话框

用自定义文本样式”（按钮处于凸起状态），系统按照维护系统中定义的样式绘制。也就是说，为每个人办理每种业务类型配置了文本的样式，这样，就可以随时使用系统定义文本样式或自定义文本样式。

26.“设置文本样式”：可以设置字体的类型、颜色、背景、特殊效果等属性。这里设置的字体属性将对选择了“使用文本样式”的情况下，所画的各种标注地物有效。

3.4.4 编辑图

本菜单中共有 22 个菜单项：

1.“修改节点”：单击后，鼠标形状变为加号“+”，在地图窗口当前图层的某节点上，单击鼠标左键，选中该节点作为修改对象。移动鼠标至节点的新位置后，再单击鼠标左键，即完成了修改节点的操作。

提示：随着鼠标的移动，在与节点相连的两点和鼠标当前位置之间，将出现橡皮筋，可以以此为参照，确定节点的新位置。在每一步编辑操作后，窗口状态栏将出现下一步操作的提示信息。

2. “内切圆”：单击后，鼠标形状变为加号“ + ”，在地图窗口当前图层的某夹角上，单击鼠标左键，选中该夹角作为修改对象；在夹角内部移动鼠标至适当的位置后，再单击鼠标左键，确定内切圆圆心，即完成了产生内切圆的操作。随着鼠标的移动，在工具条的“画图参数”文本框中将动态地出现以鼠标当前位置为内切圆圆心的内切圆半径，也可以在其中输入内切圆半径，完成内切圆操作。

3. “标准内切角”：单击后，鼠标形状变为加号“ + ”，在地图窗口当前图层的某夹角上，单击鼠标左键，选中该夹角作为修改对象；在夹角的角平分线上移动鼠标至适当的位置后，再单击鼠标左键，确定内切角半径，即完成了产生标准内切角的操作。随着鼠标的移动，在工具条的“画图参数”文本框中将动态地出现从鼠标当前位置到夹角顶点的距离（角平分线长度），也可以在其中输入适当的数字，完成标准内切角的操作。

4. “任意内切角”：单击后，鼠标形状变为加号“ + ”，在地图窗口当前图层的某夹角上，单击鼠标左键，选中该夹角作为修改对象。在夹角的一条边上移动鼠标，至适当的位置后单击鼠标左键确定内切角一边的长度。重复操作，确定内切角另一边的长度。随着鼠标的移动，工具条中“画图参数”文本框中，将动态地显示切角的边长。可以在其中输入适当的文字，作为切角边长，完成任意内切角操作。

5. “产生交点”：单击后，鼠标形状变为加号“ + ”，在地图窗口当前图层的两线重叠处，单击鼠标左键，系统将在该处生成新的节点。新节点将原先的两条直线段分成四条直线段。

6. “产生新节点”：单击后，鼠标形状变为加号“ + ”，在地图窗口的直线段任意处，单击鼠标左键，系统将在该处生成新的节点。

7. “删除节点”：单击后，鼠标形状变为加号“ + ”，在地图窗口的直线折点处，单击鼠标左键，系统将删除该节点。

8. “两线延长相交”：单击后，鼠标形状变为加号“ + ”，单击地图窗口中某直线上任意处，确定第一条直线；在窗口中与前一直线不相交的直线上再单击鼠标左键，确定第二条直线，系统将自动延长这两条直线直至它们相交。

9. “延长到线”：单击后，鼠标形状变为加号“ + ”，单击地图窗口中某直线上任意处，确定第一条直线；在窗口中与前一直线不相交的直线上再单击鼠标左键，确定需要延长的直线，系统将自动延长第二条直线直至它与第一条直线相交。

10. “修剪”：单击后，鼠标形状变为加号“ + ”，单击地图窗口中某直线上任意处，确定剪刀线；在窗口中与剪刀线相交的直线某侧单击鼠标左键，确定需要修剪的直线以及要剪掉的部分，系统将把第二条直线的选定部分删除。

11. “修改标注内容”：单击后，鼠标形状变为加号“ + ”，单击地图窗口中的标注类地物后，系统将根据选中标注类型弹出不同的标注修改对话框，可以修改标注的数据、字体样式等属性。

12. “先合并后转面”：在进行本操作之前，要首先选择操作对象；单击本菜单项后，系统将把选中的地物合并，然后转换成相应的面状地物。

13. “先转面后合并”：在进行本操作之前，要首先选择操作对象；单击本菜单项后，系统将把选中的地物转换成相应的面状地物，然后合并为一个地物。

提示：以两个嵌套的线形面状地物为例，对它们进行“先转面后合并”与“先合并后转面”操作的结果一个是环形面状地物，一个是实心面状地物。

14. “转换成面”：是指将一组两两相交线转换成面。首先，选择一组两两相交线，然后按“转换成面”，则这组两两相交线就成了一个面。

15. “地物缩放”：首先，要利用选择操作确定缩放的对象，然后按“地物缩放”。根据状态栏的提示信息，依次在地图窗口中指定缩放参考点，在“画图参数”中输入“缩放倍数”，即完成了地物缩放操作。

16. “地物拷贝”：首先，要利用选择操作确定拷贝的对象，然后按“地物拷贝”。根据状态栏的提示信息，依次在“画图参数”中输入“拷贝次数”，在地图窗口中指定拷贝参考点和拷贝参考位移，每指定一个拷贝参考位移，系统就完成一次拷贝操作。根据输入的拷贝次数，需要指定不同次数的拷贝参考位移。

17. “地物旋转”：首先，要利用选择操作确定旋转的对象，然后按“地物旋转”。根据状态栏的提示信息，依次在地图窗口中指定旋转中心点，指定旋转角度或者在工具条的“画图参数”中输入“旋转角度”，即完成地物旋转操作。

18. “地物对齐”：首先，要利用选择操作确定要对齐的对象，然后按“地物对齐”。根据状态栏的提示信息，依次在地图窗口中指定两点确定对齐线，指定相对于对齐线的对齐方向，即完成了地物对齐的操作。

19. “地物移动”：首先，要利用选择操作确定要移动的对象，然后按“地物移动”。根据状态栏的提示信息，依次在地图窗口中指定移动参考点，指定相对于参考点的目标位置，即完成地物移动操作。

20. “删除地物”：首先，要利用选择操作确定要删除的对象，然后按“删除地物”。即完成删除地物的操作。

21. “图层间拷贝地物”：单击后，鼠标形状变为加号“+”，单击地图窗口中的地物后，系统将根据“层间拷贝参数”中的设置，将选中地物从其所在图层拷贝到地图窗口当前图层的相应物理图层中。

如果层间拷贝参数中设置为“拷贝至指定图层”—“每次操作时指定”，则单击地图窗口中的地物后，将弹出如对话框图 3-60 所示，其中：选择目标物理图层，下拉列表中是当前图层的所有物理图层，可以从中选择一个来存放选定的地物。

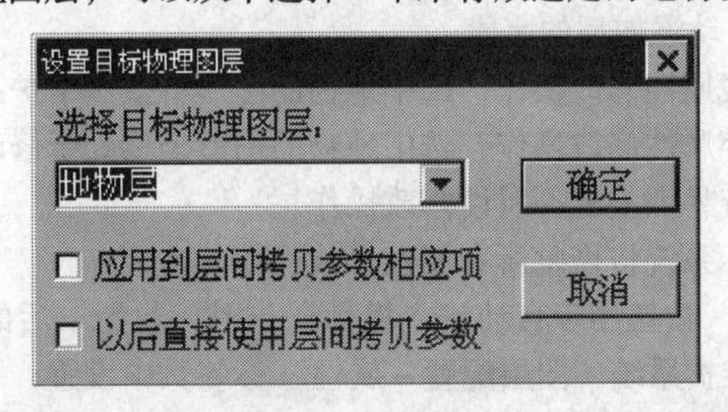

图 3-60　图层间拷贝地物

应用到层间拷贝参数相应项：选择本选项，“层间拷贝参数”中与当前图层对应的设置将变为拷贝至这里选定的物理图层，以后直接使用层间拷贝参数。选择本选项，等于在

“层间拷贝参数”中设置了“使用以下指定物理图层”选项。

22. “设置地物属性”：本菜单项只在当前图层是工作图图层时才处于有效状态。在一次设置地物属性操作中，只能对一个地物进行属性修改操作。可以先选定要修改属性的地物，也可以先单击菜单项再选定要修改的对象。

操作步骤：

选定要修改属性的某个地物；或者单击菜单项。

单击菜单项；或者选定要修改属性的某个地物。

在弹出的属性对话框中如图 3-61 所示，为地物输入所有必要的属性。

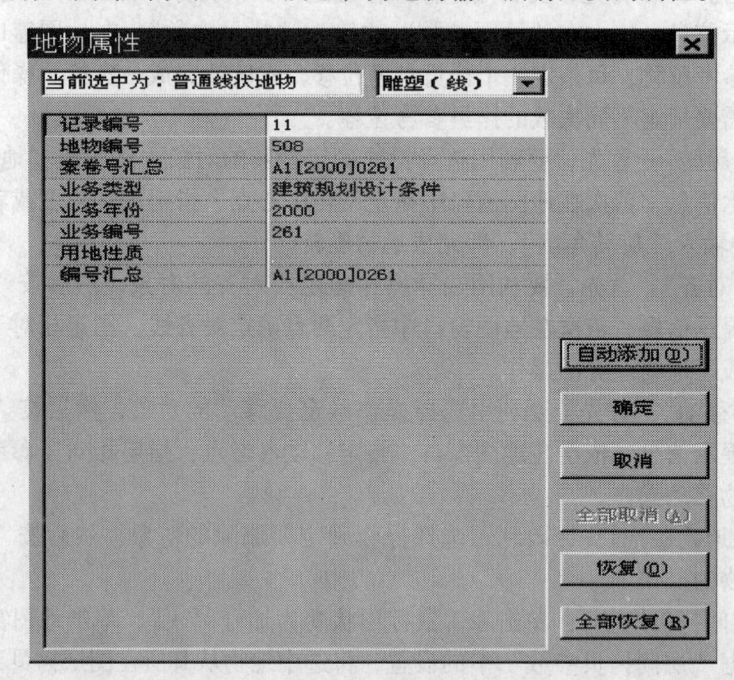

图 3-61 “地物属性”窗口

在对话框的地物列表中选择地物的类型。

单击“自动添加”，某些与案卷有关的内容会自动添加到属性中去。当然，这些属性需要在维护中配置为自动添加型的字段。

单击“确定”完成属性修改操作，选中地物的图形将按照维护系统中的设置显示。

单击“取消”放弃属性修改操作，选中地物的图形仍然处于修改前的状态。

单击“恢复”系统将恢复上一属性修改操作。

单击“全部恢复”系统将恢复所有属性修改操作。

提示：“全部取消”按钮用于自动输入属性操作时，取消以后的属性输入操作。属性数据可否为空，在“维护系统－图层配置－属性”标签页中设置。

3.4.5 地图输出

本菜单中共有如图所示的 8 个菜单项：如图 3-62 所示。

提示：地图输出的各个菜单项是否可用由维护系统中的“人员设置”—“系统特殊功能任务”—“图形输出”选项控制。

1. 图文输出表格打印　单击该菜单项出现选择图文输出表格窗口。该窗口显示了当前业务类型以及维护系统中所配置的图文输出表格。可以选择所需要的表格，然后单击确定按钮。此时，所打印的地形图将以设定的图文输出表格样式来输出打印。

提示：已经设置了图文打印的情况下，如果不想以图文输出表格格式打印，只需单击图文输出表格打印项，使之弹起即可。

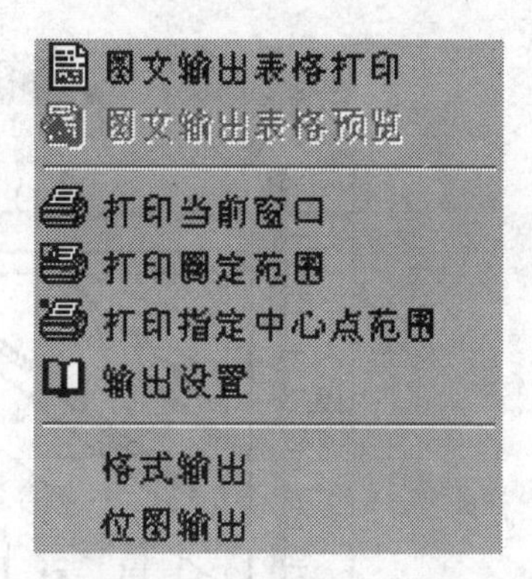

图 3-62　“地图输出”菜单

2. 图文输出表格预览　单击该菜单项出现图文输出表格预览窗口如图 3-63 所示。

该窗口显示了在维护系统中所配置的图文表格样式。

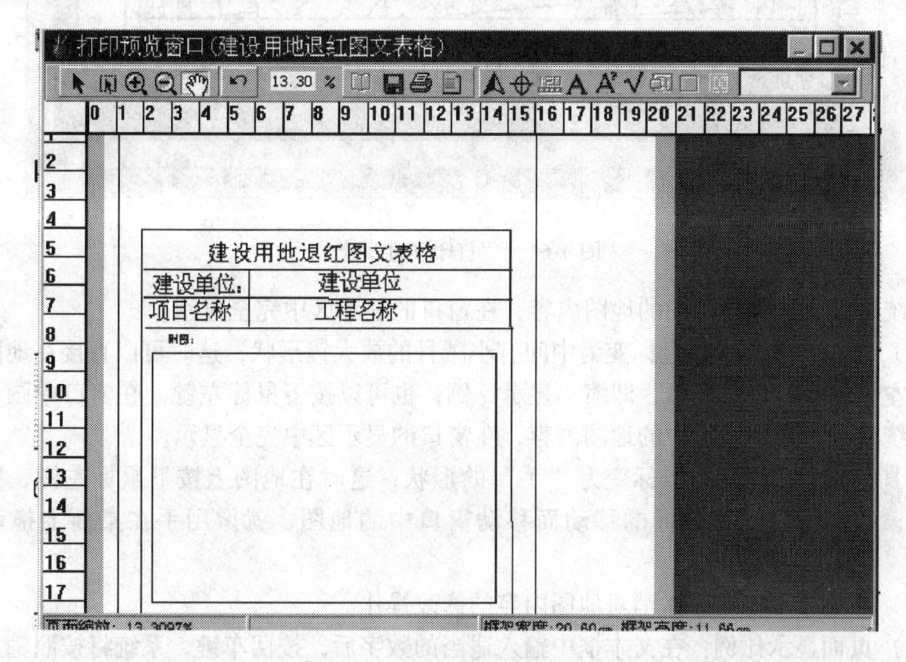

图 3-63　“图文表格预览”窗口

3. 打印当前窗口　单击该菜单项出现“打印预览”窗口如图 3-64 所示，在该窗口中的地图为地图操作窗口所显示在眼前的地图，可以浏览、调整地图在打印纸上的位置、地图的显示比例、添加文本等。

提示：如果进入预览窗口看到的地图颜色失真，是因为预览窗口中页面的显示范围太小，利用工具条上的放大按钮查看地图，就会发现地图的颜色并无变化。

打印预览窗口最上方的工具条中的按钮从左至右分别为：

(1) “选择”：单击后，鼠标形状恢复到箭头，同时鼠标的功能也恢复到正常的选择。

(2) “圈选”：单击后，在预览窗口中鼠标形状变为指向左的手型，按住鼠标左键并移动鼠标则出现一个虚线形的矩形，并选中矩形中的地图内容。

(3) 放大：单击后，鼠标变为中间有小十字的放大镜形状；这时可以直接在地图上单击鼠标左键放大窗口的显示，即缩小显示比例；也可以按下鼠标左键，在窗口中画一个矩

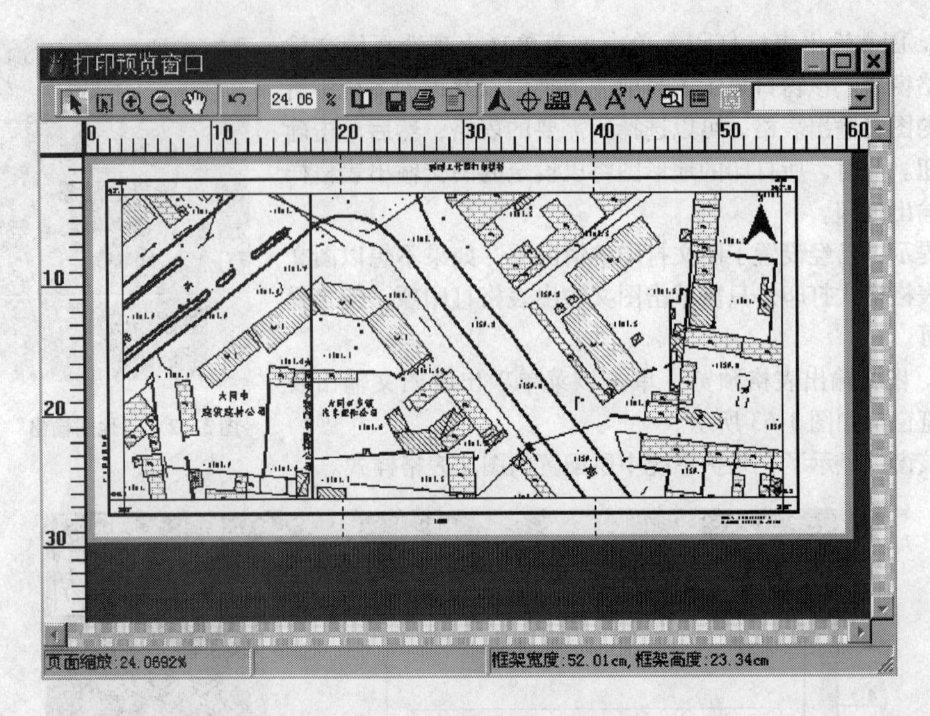

图 3-64　“打印预览”窗口

形，系统将放大选中矩形中的地图内容，在窗口的显示区中完全显示。

(4) 缩小：单击后，鼠标变为中间有小减号的放大镜形状；这时可以直接在地图上单击鼠标左键缩小窗口的显示，即缩小显示比例；也可以按下鼠标左键，在窗口中画一个矩形，系统将缩小选中矩形中的地图内容，在窗口的显示区中完全显示。

(5) 移动：单击后，鼠标变为“手”的形状，这时在地图上按下鼠标左键，同时移动鼠标，系统将以随着鼠标的移动而移动窗口中的地图，就像用手在桌面上拖动地图一样。

(6) 撤消：单击后，撤消对地图内容的修改操作。

(7) 页面显示比例：在文本框中输入适当的数字后，按回车键，系统将按照输入的显示比例显示地图。

(8) 打印设置：单击后，将弹出“打印设置”窗口如图 3-65 所示，可以在其中重新设置地图打印的若干基本参数。从设置窗口返回后，预览窗口将按照设置窗口中的设置重新生成显示的内容，预览窗口中以前的内容将被刷新。

说明有下列 7 点：

1）输出模板：下拉列表中列出了所有的输出模板，输出模板是在维护系统中配置的打印模板；可以从中选择一种，则其上面的框中相应的显示该模板的形式，其右上角显示了该模板的边框形式，也可重新选择一种，则右下角显示该边框形式的显示形式。

2）比例尺：可以从下拉列表框中选择比例尺的大小。

3）纸张来源：点击右侧的按钮，则出现纸张类型设置窗口。列表中列出了所有纸张类型，只要选择一种纸张类型，则在其下的文本框中显示选择结果，在右侧的框中相应地列出了纸张类型、长、宽和输出张数，这些文本框中的值都是系统默认的，不可更改。

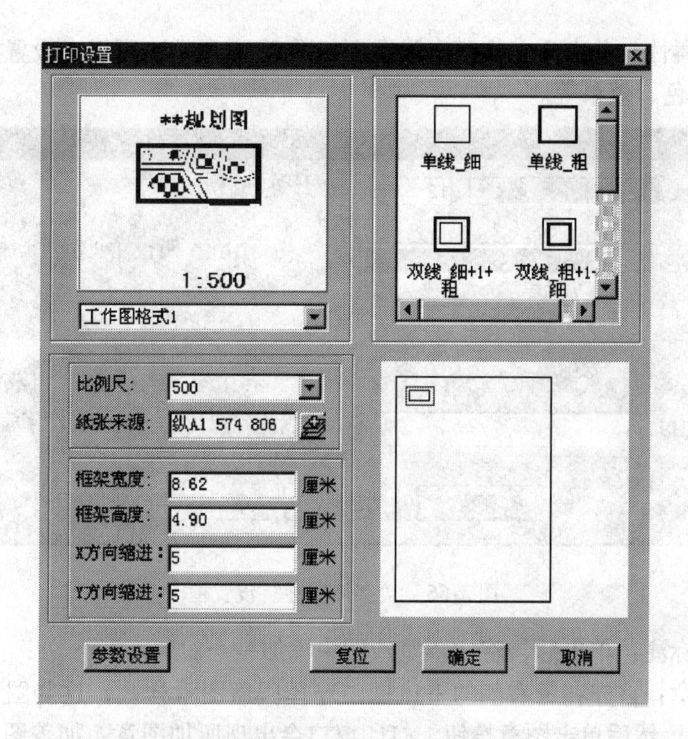

图 3-65 “打印设置”窗口

4）框架宽度和框架高度：不可更改。

5）X 方向缩进和 Y 方向缩进：可以修改。

6）参数：点击该按钮，出现输出参数设置窗口。窗口中系统默认给出了地图名称、出图描述和输出份数，可以修改这些值；还可以选择复选框“仅与本案卷有关”或“自动填充”。单击按钮“标注”后弹出文本设置窗口，请参见“文本属性”介绍。

7）复位：单击该按钮，将取消所有修改操作，恢复到刚进入本窗口时的状态。

（9）保存：单击后，将保存当前地图到地图服务器上，并提示打印文件序号。如果地图服务器没有启动，则会提示“不能连接地图服务器”。

（10）打印：单击后，将直接在默认的打印机上，按照前面的设置打印出地图。

（11）页面设置：单击后，可以在弹出的设置框中调整打印页面的方向、页边距等参数；该设置框与一般应用程序的打印设置框风格和内容十分相似，操作简单，这里不再赘述。

（12）添加指北针：单击后，鼠标形状变为“ + ”，可以在窗口的任意位置单击鼠标左键，系统将在鼠标单击位置添加“指北针”。

（13）添加风玫瑰标：单击后，鼠标形状变为“ + ”，可以在窗口的任意位置单击鼠标左键，系统将在鼠标单击位置添加“指北针”。

（14）添加比例尺：单击后，鼠标形状变为“ + ”，可以在窗口的任意位置单击鼠标左键，系统将在鼠标单击位置添加“指北针”。

（15）添加文本：单击后，鼠标形状变为“I”；这时可以在页面的不同位置单击鼠标左键后，这些位置输入文字。

（16）文本属性：单击后，将弹出设置框如图3-66所示，可以在设置框中调整文本的字体、大小、颜色、效果等。

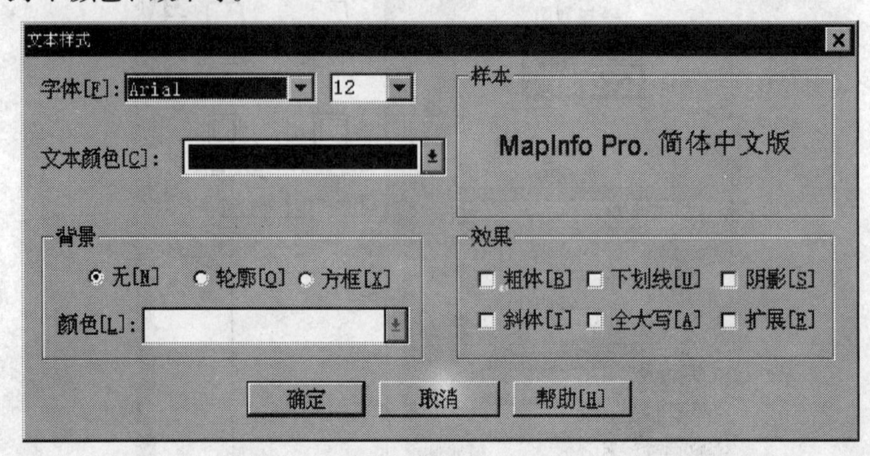

图3-66 “字体属性”设置框

（17）对勾标注：单击后，将在预览地图中添加一个对勾。

（18）盖图章：首先在最右侧的下拉框中选择所盖图章样式，这些图章都是在维护系统中所配置好的。然后单击图章按钮，打印窗口会出现所加图章。加盖图章后，此按钮变灰，表示不可再加盖图章。另外，可以用鼠标选中图章并做拖拉操作来移动图章的位置，改变图章的大小。如图3-67为加盖图章后的打印窗口。

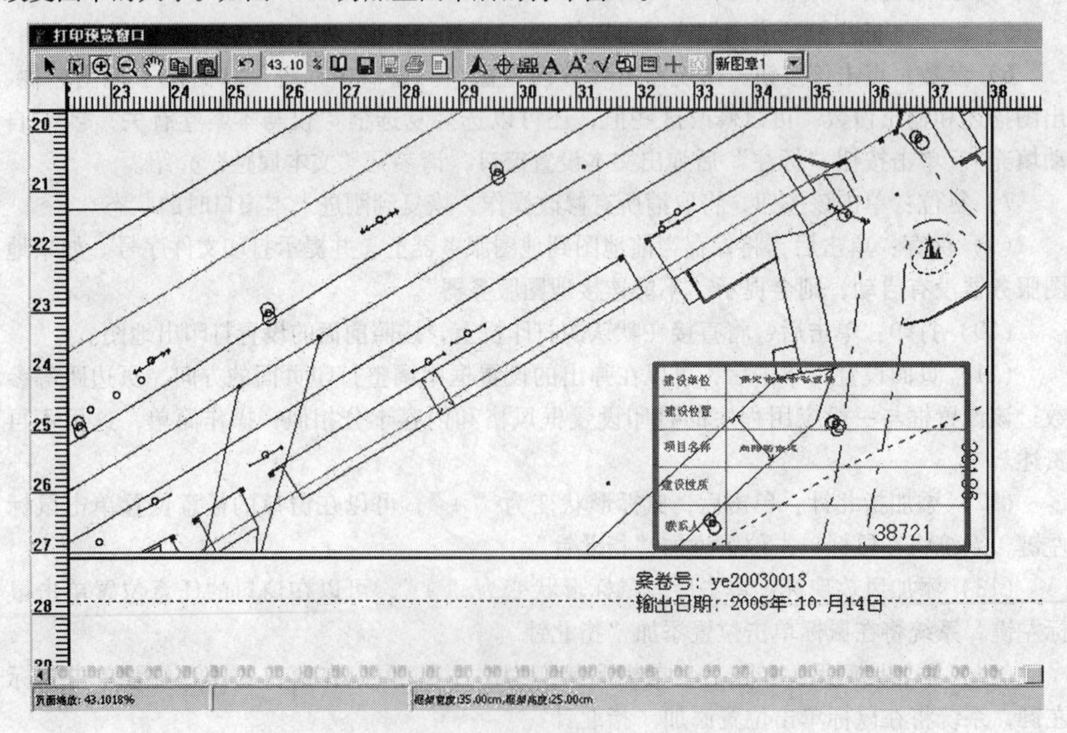

图3-67 加盖图章后的打印窗口

如果是使用图文表格打印，该窗口中，把所要打印的图形放到了图形容器中，实现了图文一体化打印。

4. 打印圈定范围　单击该菜单项后，鼠标指针形状在地图窗口内变为“+”形状，此时可以利用该鼠标形状画出一个圈定的矩形，再单击鼠标左键则也出现打印预览窗口，在打印预览窗口里的地图为在地图窗口内圈定的矩形地图。打印预览窗口的操作方法与前面的完全一致，请参见打印当前窗口。

5. 打印指定中心点范围　单击该菜单项后，鼠标指针形状在地图窗口内变为“+”形状，此时可以利用该鼠标形状在地图窗口内单击鼠标左键则也出现打印预览窗口，在打印预览窗口里的地图为在地图窗口内指定的中心点一定范围的地图。打印预览窗口的操作方法与前面的完全一致，请参见打印当前窗口。

6. 输出设置　单击该菜单项后，出现打印设置窗口，它和打印当前窗口中的打印设置窗口基本一样，请参见打印当前窗口的打印设置窗口。不过多了一个按钮“打印预览”，单击该按钮也出现打印预览窗口。这部分内容请参见打印当前窗口中的打印设置。

7. 格式输出　系统不仅为你提供了将不同格式的数据文件转换成 TAB 文件的功能，格式输出模块还提供了将 TAB 文件转换为常用的 AUTOCAD 格式的 DXF 文件的功能。单击该菜单项，出现“格式输出”窗口，如图3-68所示。

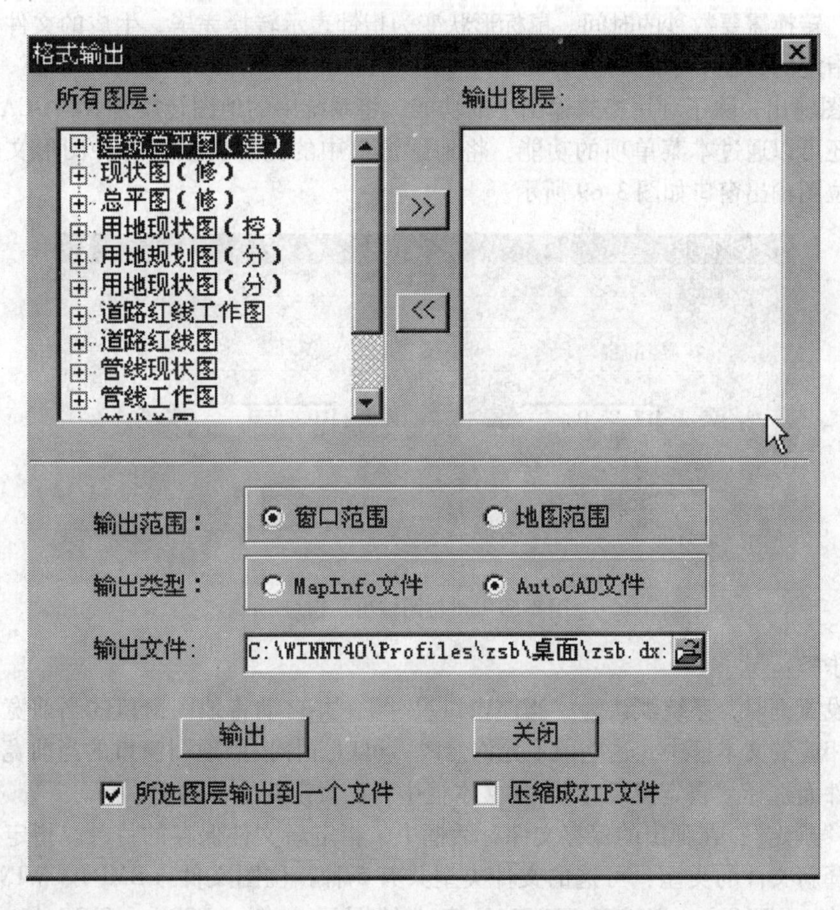

图 3-68　“格式输出”窗口

操作步骤：

在弹出的格式输出窗口中，左侧的列表中是当前地图窗口中的所有图层，系统将它们分类显示，可以双击其中需要输出的某个图层，它将出现在窗口右侧的输出图层列表中。利用两个列表之间上面的按钮，也可以将选中的图层添加到右侧的输出文件列表中。

双击窗口右侧列表中的某图层，可以将其从列表中删除。利用两个列表之间下面的按钮，也可以将选中的图层从右侧的输出文件列表中删除。

选择输出范围，利用单选按钮组“窗口范围”和“地图范围”，以确定输出的地图范围大小。

选择输出类型：利用单选按钮组“MapInfo 文件”和“AutoCAD 文件”，以确定输出的文件类型。

在文本框中输入 DXF 文件的存放路径，也可以单击“输出路径”后的按钮，在弹出的对话框中为生成的 DXF 文件选择存放的路径，以减少键盘输入，并避免输入无效的路径；如果选中复选框“所选图层输出到一个文件”，则选择输出路径时，还得输入保存的文件名，否则不用输入文件名，并以图层名保存。如果选中复选框“压缩成 ZIP 文件”，则输出的文件将以 ZIP 的压缩文件形式保存。

单击“输出”，鼠标形状变为漏斗型，可以知道系统正在进行数据的转换，当数据文件较大时，转换需要数秒的时间。鼠标形状变为指针表示转换完毕，生成的文件已经成功地存放在指定的路径下了。

8. 位图输出　除了利用格式输出中的功能，将系统中的地图转换为 AUTOCAD 格式的文件外，还可以通过本菜单项的功能，将地图窗口中的内容转换为各种图形文件。单击后，弹出位图输出窗口如图 3-69 所示。

图 3-69　“位图输出”窗口

操作步骤：

进入设置框时，系统默认为“当前窗口尺寸”，并自动将地图窗口的当前宽、高尺寸显示在了相应的文本框中，这些值不允许修改；可以选择按照地图窗口的当前宽、高尺寸生成新文件而选择“自定义尺寸”，在文本框中自己设定新文件的宽、高。

单击“确定”；在弹出的保存文件对话框中，指定新文件保存的目录。指定新文件的名称；选择新文件的类型：可选的文件类型共有 5 种：位图文件（BMP）、WINDOWS 系统的元文件（WMF）、PHOTOSHOP3.0 格式的图形文件（PSD）、JPEG 格式的文件

(JPG)、TIFF 格式的文件（TIF）。

单击“保存”，完成“位图输出”操作。

3.4.6 窗口工具条

1. 简介　为了快速地选择各种常用操作，可以利用窗口中的工具按钮。

在地图操作窗口内的工具按钮栏内的空白处单击鼠标右键出现弹出菜单如图 3-70 所示。

单击各菜单项，如果出现“√”号，则窗口内就会出现相应的工具按钮组，否则相应的工具按钮组就不会出现；如果工具按钮组中的按钮图标和主菜单栏中的菜单项前的图标相同，则他们的用法是一致的，鼠标在该按钮处停留一会儿也会出现该按钮的提示，该提示和对应的菜单项的名称也是一样的。下面分别介绍这 5 种工具按钮组，并且只介绍那些在主菜单中所没有的功能的工具按钮，其余工具按钮请参阅前面的相应菜单项。

2. 画图工具　画图工具按钮组如图 3-71 所示。

图 3-70　工具按钮栏弹出菜单

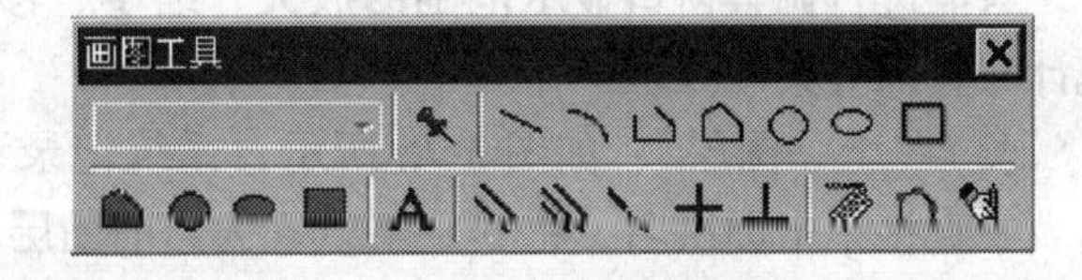

图 3-71　画图工具按钮组

其中第一个按钮是一个地物列表，如图 3-72 所示，其余按钮请参阅主菜单“画图”中对应菜单项。

根据维护系统图层定义中的配置，在工作图中可以画的地物可能有许多，地物列表将它们分类显示，在对工作图画图之前，首先选择要画的地物：普通点状地物中的行树、普通面状地物中的天然草地等，对于管线工作图，可以画的地物还会有管线类地物（电力现状管线）、管点类地物（煤气管点）等。

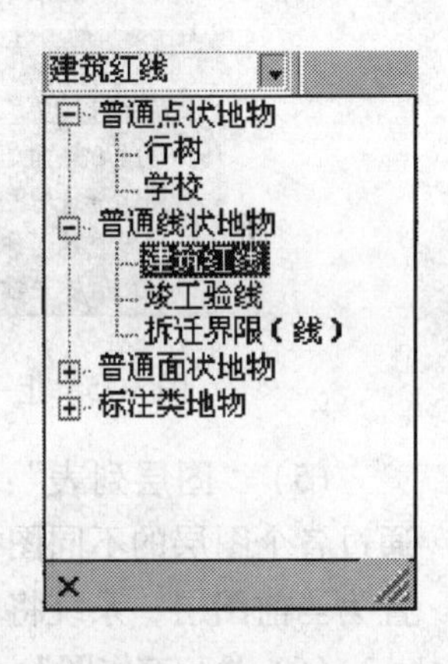

图 3-72　地物列表

3. 窗口工具　窗口工具按钮组如图 3-73 所示。

该按钮组的默认位置在窗口左侧，可以拖动它放在窗口中其他位置，其他按钮组也可以，以满足办公人员的工作习惯。各按钮的用法请参阅菜单“编辑图”中相应菜单项的用法介绍。

图 3-73　窗口工具按钮组

4. 设置　设置按钮组如图 3-74 所示。

图 3-74　设置按钮组

（1）“编辑模式”：编辑模式是与定位模式相对而言的，对一个有定位信息（已经有定位范围）的案卷，在进行地图操作，进入地图窗口时，就处于编辑模式，可以在编辑模式下，进行各种正常的案卷处理工作。当然可以在案卷办理的过程中随时按“定位模式”按钮，进行案卷的重定位，定位完成后，再按“编辑模式”退出定位状态时，系统将提示是否要对案卷进行重定位，即，是否要用定位模式下的窗口当前范围，作为案卷的定位范围。还可以在不必退出编辑状态的情况下，利用地图窗口菜单中的“记录定位”菜单项进行案卷的重定位。

编辑模式下，地图窗口中显示的图层在维护系统的业务流程图管理中配置。

（2）“定位模式”：对一个没有定位信息的案卷，需要首先在定位模式下，从一个大的地图范围中，选择该案卷办理过程中实际需要的那部分地图范围，作为该案卷的定位范围，使其具有定位信息。这样，以后再打开该案卷的地图窗口时，系统将自动调整地图窗口范围到选定的范围，不必每次都从一个很大的地图范围中寻找办理案卷需要的地图范围，可以直接进入编辑模式，在指定的地图范围中进行案卷处理的各种操作。在定位模式下，只能进行调整窗口显示范围的放大、缩小、移动等操作，不能进行编辑、图层配置、统计与查询等案卷处理操作。

（3）“上一图层”：如图3-75所示，系统记录了前5个当前图层的名字，可以从下拉列表中直接单击图层名，将其重新设置为当前图层。

（4）“上一工作图层”：如图3-76所示，系统记录了最多前5个当前工作图层的名字，可以从下拉列表中直接单击图层名，将其重新设置为当前图层。

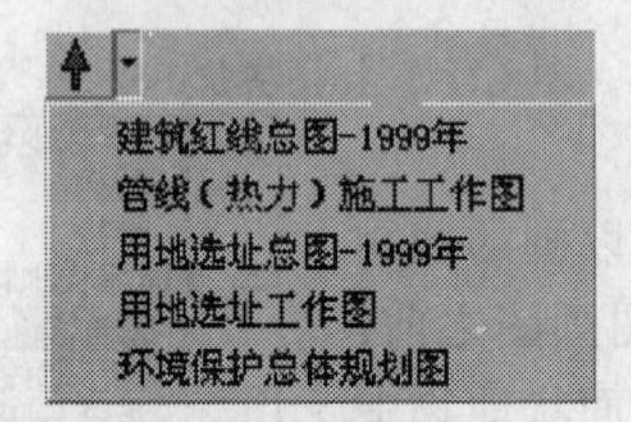

图3-75　上一图层列表

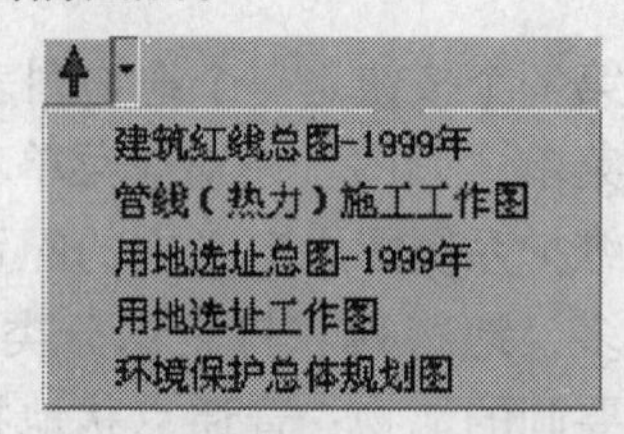

图3-76　上一工作图层列表

（5）“图层列表”：如图3-77所示，下拉列表中将地图窗口中的所有图层分类显示，通过各个图层的不同图标，它们所处的不同状态一目了然，可以双击列表中的图层将其设置为当前图层，系统将自动把该图层的所有物理图层设置为可见的。

（6）“上工作图”：仅当图层列表中显示某工作图为当前图层时，该按钮才处于有效状态；单击后，系统将提示确认要对该工作图进行上图操作，确认后，系统将对该工作图进行上图操作，并在操作成功后，自动将“草稿图层”设置为当前图层。

5. 画图方式　画图方式按钮组如图3-78所示。

（1）坐标方式列表：为了便于完成各种画图操作，系统为提供了5种点坐标输入方式，如图3-79所示。

“绝对坐标”：这种坐标方式下，在“X坐标”、“Y坐标”文本框中输入的数据将直接作为地图上点的坐标数据。

“相对坐标”：这种坐标方式下，在“X坐标”、“Y坐标”文本框中输入的数据将作为相对于上一点坐标数据使用。

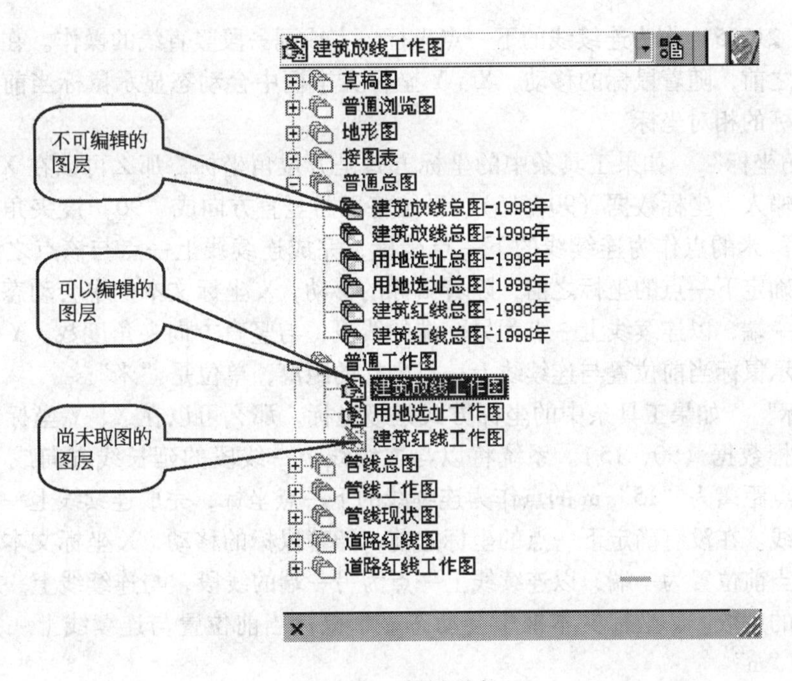

图 3-77　图层列表

图 3-78　画图方式按钮组

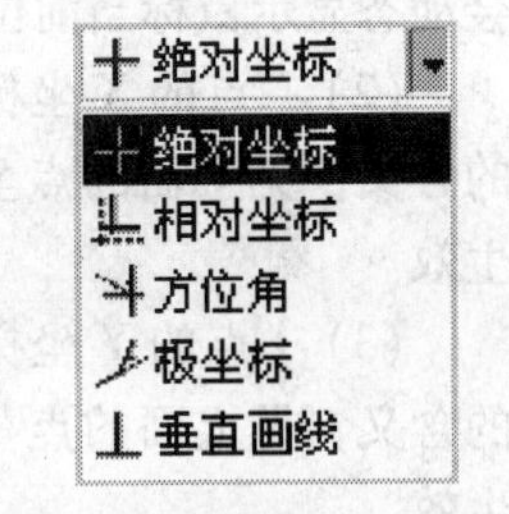

图 3-79　坐标方式列表

"极坐标"：这种坐标方式下，在"X 坐标"文本框中输入的数据、"Y 坐标"文本框中输入的数据将直接作为地图上点的坐标数据。

"方位角"：这种坐标方式下，在"X 坐标"文本框中输入的数据代表下一点与前一点连线和垂直线之间的夹角，在"Y 坐标"文本框中输入的数据将作为下一点与前一点之间的距离。

"垂直坐标"：这种坐标方式下，在"Y 坐标"文本框中输入的数据将作为下一点与前两点之间连线的垂直距离，系统将把离前一点距离为输入数据的地方作为下一点的位置。

系统默认的坐标方式是绝对坐标方式，可以双击某一坐标方式将其设置为当前的坐标方式。

以连续线画图为例：

"绝对坐标"　如果工具条中的坐标方式是绝对坐标，那么可以在 X、Y 坐标文本框中分别输入点坐标数据（27630，21540）作为连续线的下一点坐标。系统将在连续线的上一点和坐标为（27630，21540）的点之间画一条直线段。在没有确定下一点的坐标之前，随着鼠标的移动，X、Y 坐标文本框中会动态显示鼠标当前位置的绝对坐标。

"相对坐标"　如果工具条中的坐标方式是相对坐标，而且连续线上一点的坐标为（27630，21540），那么可以在 X、Y 坐标文本框中分别输入点坐标数据（0，15）；系统将把（27630，21555）作为连续线的下一点坐标，完成画一段竖直线的操作。在没有确定下一点的坐标之前，随着鼠标的移动，X、Y 坐标文本框中会动态显示鼠标当前位置与连续线上一点坐标的相对坐标。

“方位角坐标”　如果工具条中的坐标方式是方位角坐标，那么可以在 X、Y 坐标文本框中分别输入点坐标数据（90，15）。系统将以与竖直方向成“90”度夹角，与上一点距离为“15”米的点作为连续线的下一点坐标，完成连续线上一点与该点之间的一段直线。在没有确定下一点的坐标之前，随着鼠标的移动，X 坐标文本框中会动态显示以鼠标当前位置为一端，以连续线上一点为另一端的线段，与竖直方向夹角度数。Y 坐标文本框中会动态显示鼠标当前位置与连续线上一点坐标的距离，单位是“米”。

“极坐标”　如果工具条中的坐标方式是极坐标，那么可以在 X、Y 坐标文本框中分别输入点坐标数据（90，15）。系统将以与连续线上一线段的延长线方向成“90”度夹角，与上一点距离为“15”m 的点作为连续线的下一点坐标，完成连续线上一点与该点之间的一段直线。在没有确定下一点的坐标之前，随着鼠标的移动，X 坐标文本框中会动态显示以鼠标当前位置为一端，以连续线上一点为另一端的线段，与连续线上一线段的延长线方向夹角的度数。Y 坐标文本框中会动态显示鼠标当前位置与连续线上一点坐标的距离，单位是“m”。

“垂直坐标”　如果工具条中的坐标方式是垂直坐标，那么可以在 Y 坐标文本框中分别输入点坐标数据（15）。系统将以与连续线上一线段的垂直线上，与上一点距离为“15”m 的点作为连续线的下一点坐标，完成连续线上一点与该点之间的一段直线。在没有确定下一点的坐标之前，随着鼠标在连续线上一线段垂直线上的移动，Y 坐标文本框中会动态显示鼠标当前位置与连续线上一点坐标的距离，单位是“m”。

（2）“点的 X 坐标”：在不同的点坐标输入方式下，在此文本框中输入的数据有不同的含义，见上面的点坐标方式说明；输入数据后按回车，或者单击“X”按钮，数据即生效。

（3）“点的 Y 坐标”：在不同的点坐标输入方式下，在此文本框中输入的数据有不同的含义，见上面的点坐标方式说明。输入数据后按回车，或者单击“Y”按钮，数据即生效。

（4）“画图参数”：当画图过程中需要非点坐标数据时，比如；圆半径、标准平行线的条数、退后距离等，就从此文本框中输入。输入数据后按回车，或者单击文本框前的按钮，数据即生效。

提示：在画图过程中，“画图参数”按钮的名称将随着操作而自动变化，以提示下一步需要的数据。

（5）“设置地物属性”：请参阅菜单“编辑图”中的“设置地物属性”。

（6）“查找总图管点”：设置了本选项后，当利用抓取功能，进行管线、管点画图时，系统会首先在当前图层对应的总图上寻找管点，可以完成与总图上其他案卷共享管点的管线画图操作。

其他 3 个按钮分别对应菜单“画图”中的“立即输入属性”、“使用自定义文本样式”和“设置文本样式”，“使用自定义符号样式”，“设置点符号样式”，“设置线符号样式”，“设置面符号样式”请参阅相关说明。

6. 修改地图　修改地图按钮组如图 3-80 所示。

图 3-80　修改地图按钮组

工具条中的大部分按钮的用法请参阅主菜单“地图窗口”和“地图查询与统计”中的相应按钮，需要特殊说明的有：

（1）“地物切割”：首先选中要切割的地物，然后画裁剪线，此时鼠标变为“+”，先用鼠标定位，再单击，可以画任意形状的连续线，双击完成操作，此时地物即被切割为两部分。

（2）“结束当前命令”：完成当前画图命令。

（3）“连续线方式”：在连续线画图过程中，可以随时单击不同的子菜单项，切换画直线和画弧线两种连续线画图模式。

（4）“抓取模式”：系统提供了 7 种不同的抓取模式，在不同的抓取模式下，在画图过程中按下 Ctrl 键将抓取到的一些特殊的点坐标。

3.5　地图管理

“地图管理”菜单如图 3-81 所示。

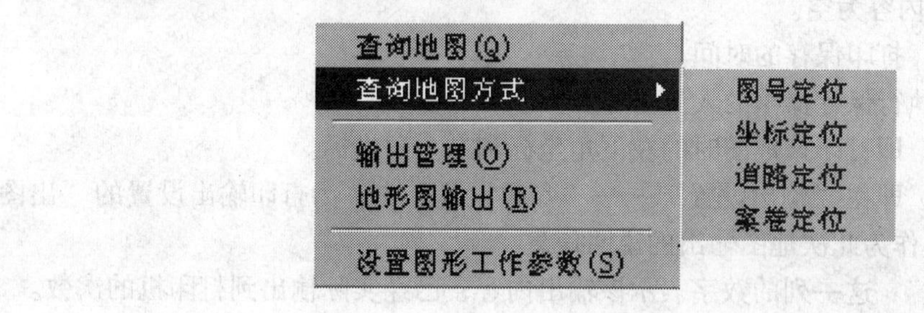

图 3-81　“地图管理”菜单

3.5.1　查询地图

单击“地图管理”中的“查询地图”，则出现“浏览地图”窗口，缺省时只显示草稿图层和道路红线图层，定位后系统将打开在维护系统为该人员配置的所有图层。该窗口中的内容和地图操作窗口基本一致，但是只能利用该窗口做查询等操作，而不可编辑地图。

3.5.2　查询地图方式

“地图管理”中的“查询地图方式”，有图号定位、坐标定位、道路定位、案卷定位 4 种，使用定位方式查询地图，可以直接定位到所需要的地图范围。

3.5.3　地图输出

单击本菜单项后将弹出“地图输出”窗口如图 3-82 所示。

窗口内容是规划局各个办案人员在工作图打印预览窗口中保存过的文件列表，窗口中的各列信息从左至右依次为：

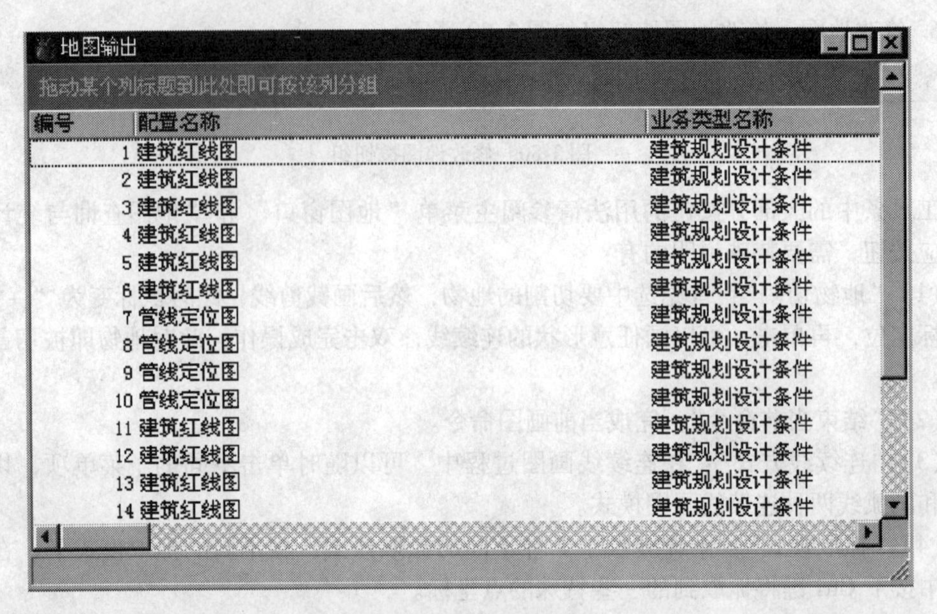

图 3-82 “地图输出”窗口

1. “编号”：此次保存操作在系统中的编号；编号由系统自动加一顺序产生。

配置名称：即在保存工作图内容时，为该其选择的打印模板名称；如果没有为其选择打印模板，则本列的内容为空。

2. “发送时间”：打印保存的时间。

3. “发送人”：执行保存操作的人员名称。

4. “输出范围”：即打印该地图时的左下角坐标和右上角坐标。

5. “输出描述”：即在“输出设置”——“参数设置”中，为打印输出设置的“出图描述”内容，在这里作为此次地图输出的说明信息。

6. “已输出次数”：这一列的数字表示该输出内容，已经实际输出到打印机的次数。

7. “文件名”：即该输出内容在服务器的相应目录下，对应的压缩文件名称。

此外还包括保存地图案卷的业务类型名称、业务编号、业务年份、业务编号汇总和发送人的业务角色名称。

如果从“浏览地图”窗口中保存打印文件，则“输出管理”窗口中对应的输出记录中，业务类型名称、业务编号、业务年份、业务编号汇总和发送人的业务角色名称等与案卷相关的列，内容为空。

预览 Ctrl+V
打印 Ctrl+P
打印.. Ctrl+M
删除 Ctrl+D
过滤
复位

图 3-83 输出管理快捷菜单

在输出管理窗口打开的同时，主菜单栏出现“地图输出”菜单，在地图输出窗口中单击鼠标右键也将弹出内容一致的快捷菜单如图 3-83 所示。

8. “预览”：单击后，系统将在弹出的打印预览窗口中，重新显示当前选中输出记录对应的打印文件中的地图内容。

9. “打印”：单击后，系统将直接在系统默认的打印机上，打印该文件中的地图内容。

10. “删除”：单击后，当前记录将从列表中消失，同时系统也将从数据库中删除相应的记录条目；但是保存的打印文件仍然存放在服务器的相应目录下。

11. “过滤”：当输出管理窗口显示内容太多时，可以使用过滤功能。

在打印状态一栏通过单击单选按钮来确定是显示未打印、打印或全部的打印列表。另外通过选择操作符、输入条件值来控制过滤条件，单击确定后，将按设置的过滤条件来显示打印列表。另外，单击“清空条件”将清除所设置的过滤条件。

12. “复位”：输出的打印列表不按过滤条件显示，而是按最初状态来显示。

3.5.4 地形图输出

地形图输出模块的功能主要是完成选定图号的地形图的打印输出。单击后即进入“地形图输出”窗口如图 3-84 所示。

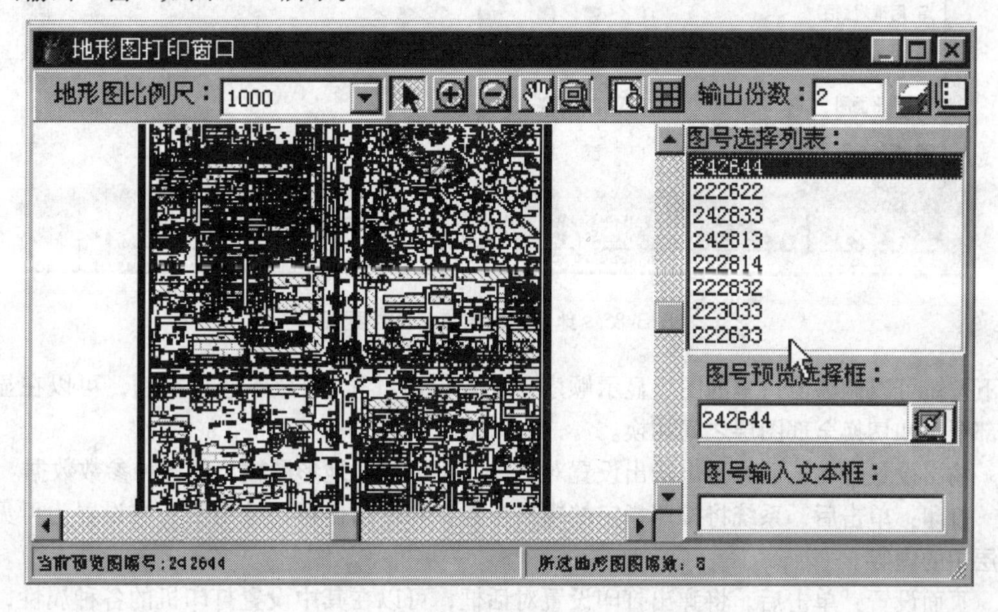

图 3-84 “地形图输出”窗口

为了输出某张、或某些地形图，可以输入它们对应的图号，然后直接打印；也可以从全市的接图表范围内，参照道路红线图定位要输出的地形图，即首先进行图幅定位再输出；如果只需要输出地形图的部分高程线或者面状地物图层，还可以通过在图层配置中将其他图层设置为不可见的来实现。

窗口工具栏中的各个功能按钮从左至右依次为：

图幅选择按钮：单击后，可以在接图表中单击需要的图号完成图号选择。

放大按钮：将窗口中的内容放大显示。

缩小按钮：将窗口中的内容缩小显示。

移动按钮：移动窗口显示中心。

原始视图按钮：恢复预览状态或者图幅定位状态下的窗口的显示内容。

图幅定位按钮：单击后系统将显示全市范围内的接图表。

图层配置按钮：单击后将弹出如图 3-85 所示的图层配置对话框。

通过该窗口来选择在将要输出的地图中要显示的逻辑图层以及物理图层，利用向上、

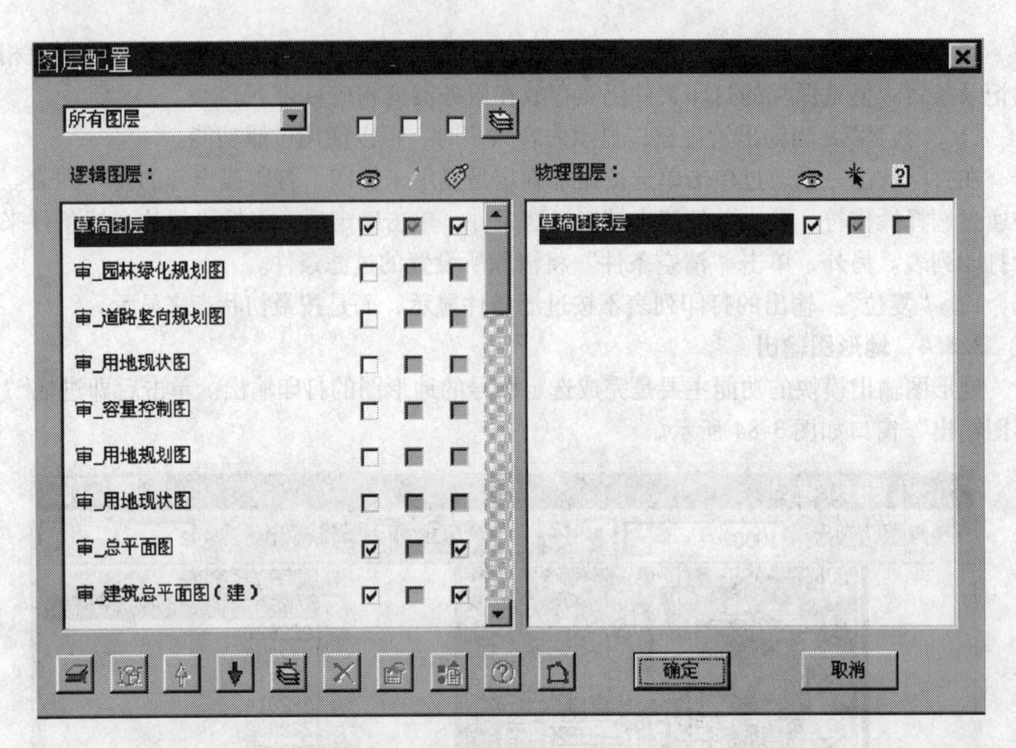

图 3-85　地形图输出窗口图层配置

向下按钮可以调整窗口中的图层显示顺序；反复单击“全选/全不选”按钮，可以在显示全部图层和切换全部图层之间切换。

输出设置：单击后将弹出输出设置对话框，可以修改地形图输出的各种参数数据。

打印：单击后，系统将按照指定的输出参数，和输出份数，输出所有被设置为可见的图层中的内容。

页面设置：单击后，将弹出打印设置对话框，可以在其中设置打印机的各种属性，并调整打印纸张等。

地形图输出操作步骤如下：

从“地形图比例尺”下拉列表中选择要输出的地形图类型。

在“图号输入文本框”中输入与当前地形图比例尺对应的地形图图号，然后按“回车”键；这时，输入的有效地形图图号将添加到图号选择列表中。重复操作直至输入了全部需要输出的地形图图号。

如果需要图幅定位，则单击工具栏中的图幅定位按钮，系统将显示全市范围的接图表。如果地块有对应的地形图，则接图表的字体颜色为蓝色，否则接图表的字体颜色为黑色。单击工具栏中的图幅选择按钮，然后单击接图表中需要输出的地形图图号。选中的图号将出现在图号列表中；按下 SHIFT 键可以选中多个图号。

在图号列表中单击鼠标右键，将弹出快捷菜单，可以利用其中的“删除”去掉不需要的图号。

如果需要在输出之前预览选中地形图的内容，首先在图号列表中单击相应图号，相应的图号将出现在“预览图号”中，然后单击预览图号后的按钮，系统将显示该图号对应的地形图内容。

单击工具栏中的“图层配置”按钮，可以将需要输出的图层设置为可见的，而将不需要输出的图层设置为不可见的。

利用图号列表中的快捷菜单“全选”，可以一次选中多张地形图。

单击工具栏中的“打印”按钮，可以按照指定的图层配置信息，输出图号列表中选中的地形图。

3.5.5 设置图形工作参数

“设置图形工作参数”窗口如图3-86所示。

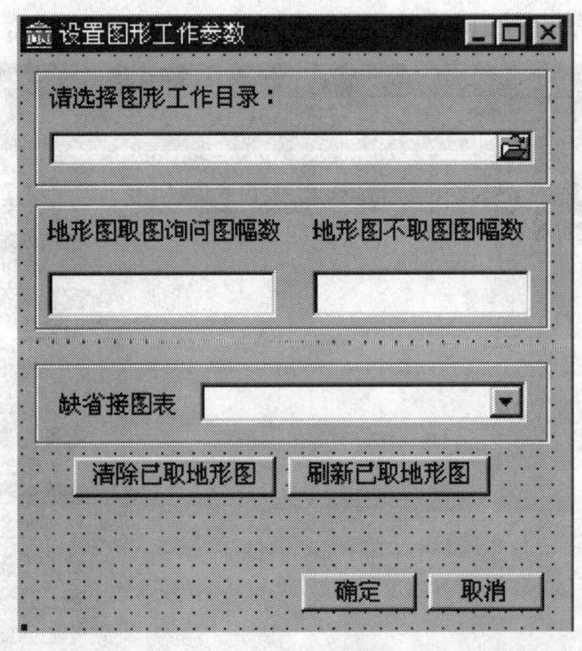

图3-86 “设置图形工作参数”窗口

本模块操作比较简单，但却很重要。单击后将弹出“设置图形工作参数”窗口。

图形工作目录：单击文本框旁的按钮就可以在打开的窗口中选择存放临时图形文件以及工作图文件的工作目录，最好选择驱动器磁盘空间剩余比较大的工作目录。选择后的路径将作为图形各种操作路径，取图、上图、地图文件存盘路径等。

1. 地形图取图的询问图幅数：文本框中的数值，意味着在地图窗口范围改变时，如果需要从服务器打开地形图的图幅数大于等于该数值，需要系统提示是否取图。

2. 地形图不取图的图幅数：文本框中的数值，表示如果需要从服务器打开地形图的图幅数超过该数值，要取的地形图的图幅数大于等于该数值时，系统不必取地形图。

3. 缺省接图表：在弹出的下拉列表中，可以为地形图输出模块设置缺省的地图比例尺。

4. 清除已取地形图：将指定的工作目录下，从服务器已经取到本机的地形图全部删除。

5. 刷新已取地形图：用服务器上的地形图数据，替换将指定的工作目录下已经取到本机的地形图。

注意：请不要在地图窗口打开时执行“清除已取地形图“操作，否则可能会引起地图操作错误。

3.6 办结存档

3.6.1 档案箱概述

档案箱存放已经存档的案卷，在办结箱或在办箱中存档的案卷即进入档案箱。能对这些案卷分箱保存，加以更好地管理；还能填档案表，处理输入、输出表格等许多操作。

3.6.2 档案箱操作

在主系统界面上单击“文件”→“档案箱”，或在工作面板上的办公栏组内单击“档案箱”图标或选择工具栏的下拉列表中的“档案箱”，即可进入档案箱窗口，如图3-87所示。

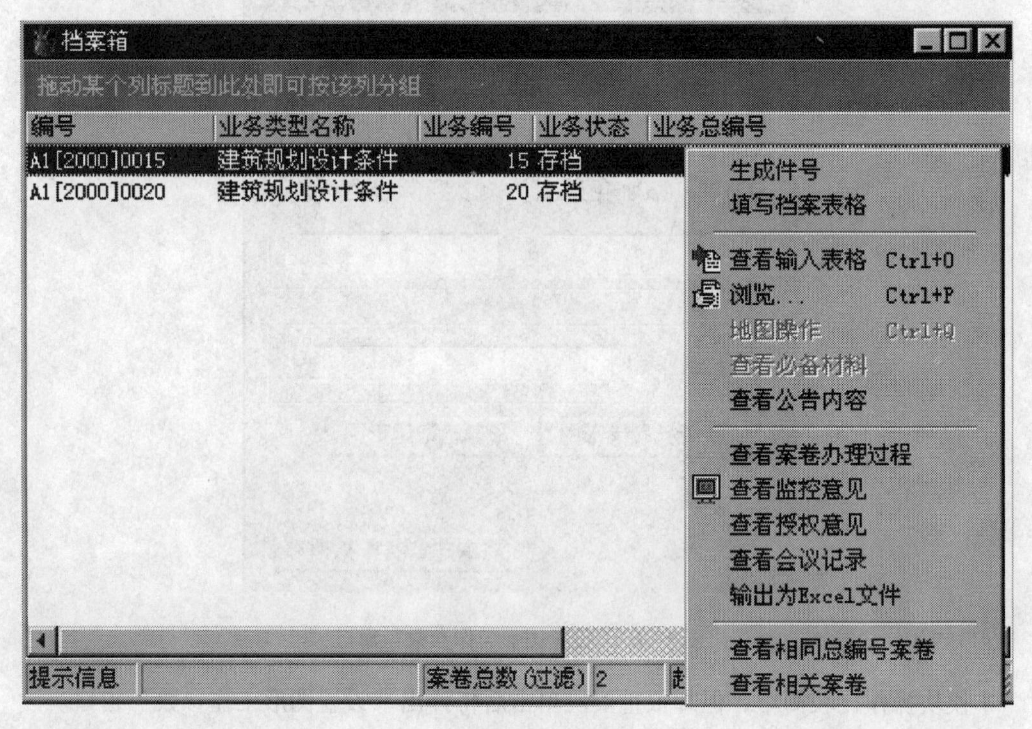

图3-87 “档案箱”窗口

进入档案箱后，主菜单栏中出现“档案箱”菜单，同时，用户也可在档案箱窗口内选中待处理的案卷，单击鼠标右键弹出“档案箱”弹出式菜单，各菜单项的操作许多和在办箱中的一样。

1. 生成件号　件号用来表示案卷所属的档案箱号中的案卷的次序，它可以管理属于同一档案箱的所有案卷。单击该菜单项后，出现档案生成件号窗口，如图3-88所示。

可以在文本框中输入档案箱号，也可以从下拉列表中选择已有的档案箱号。确定后，系统将按顺序为该案卷生成一件号。

2. 填写档案表格　单击该菜单项后，出现档案管理表格窗口，如图3-89所示。

主菜单栏出现菜单“档案管理表格”，如果单击鼠标右键，出现弹出式菜单；如果单击鼠标右键于不同文本框处，则菜单有变化，诸如出现菜单项“取业务习惯用语”、“签字”等，其用法请参见相关章节，不再赘叙。

图 3-88 “档案生成件号”窗口

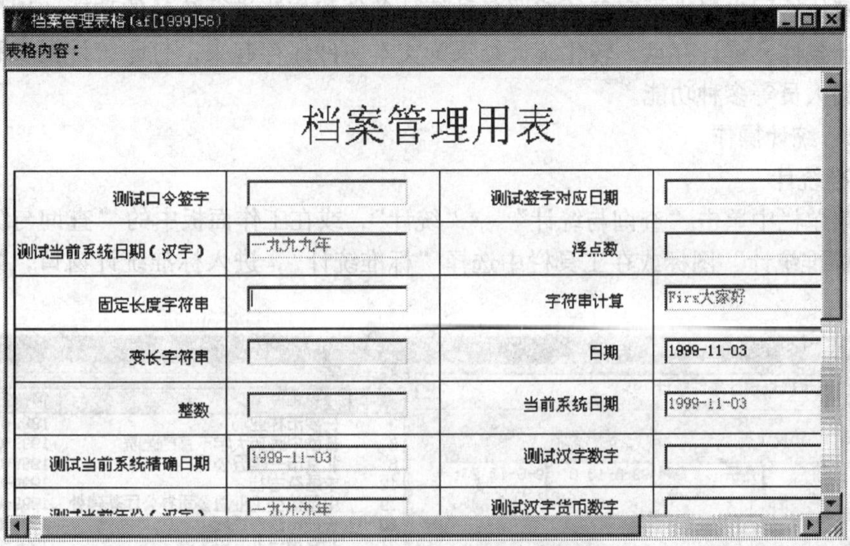

图 3-89 “档案管理表格”窗口

注：如果填写好了表格后，单击“完成”，则以后该表格只能查看，不能再填写了。

3. 案卷过滤　单击该菜单项后，出现档案管理案卷过滤窗口，如图 3-90 所示。

图 3-90 “档案管理案卷过滤”窗口

说明：

档案状态有 3 种：未处理、已处理和处理中。未处理指没有添过表格的案卷；已处理指已经完成的案卷；处理中添了表格但未完成的案卷。如果选择“全部”，则包括这 3 种状态。缺省取值为“未处理”。

3.7 统　　计

3.7.1 统计模块概述

统计模块给用户提供了完善的按照各种统计条件和方法进行统计的功能。用户可以完成设置统计条件，统计存盘，转化统计结果为文本文件保存起来，打印统计报表和指定统计结果查阅人员等多种功能。

3.7.2 统计操作

1. 标准统计

在主菜单栏中单击“查询与统计”→“统计”，或在工作面板中的“查询与统计”组中单击“标准统计”图标或在工具栏中选择“标准统计”，进入标准统计窗口，如图 3-91 所示。

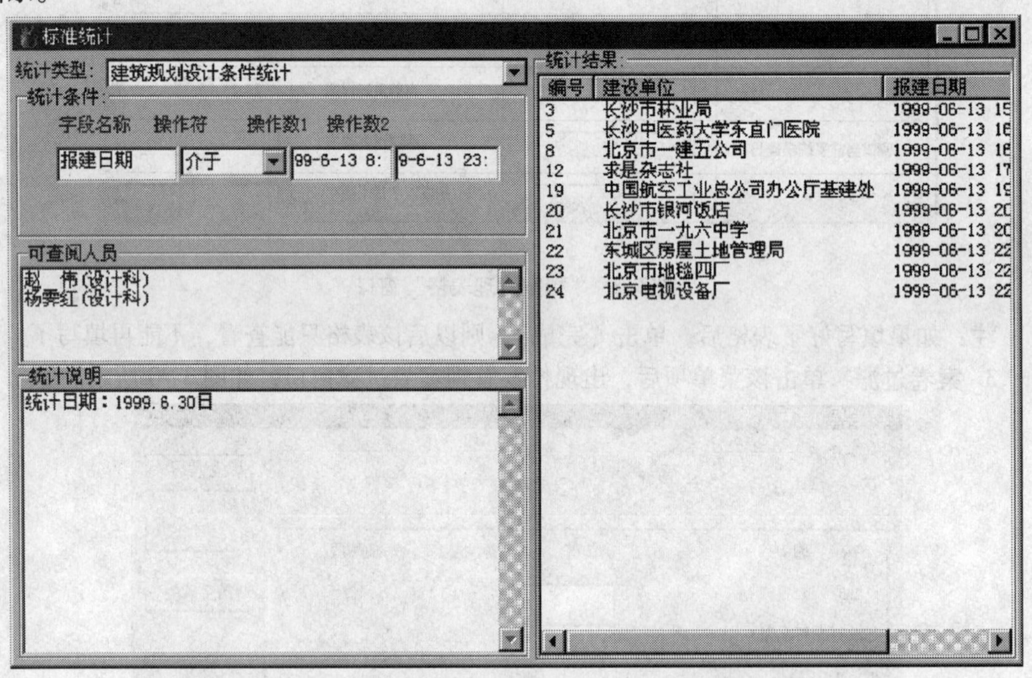

图 3-91 “标准统计”窗口

说明：

（1）在统计类型列表框中选择统计类型。

（2）在统计条件组合框中选择一种或多种统计条件。

每个统计类型对应有各自的统计条件。对于系统字段，“操作数”会形成下拉列表，使填写统计条件更加方便。

(3) 统计者可以在统计说明中填入一些有关统计的内容，如注明统计人、统计日期等。请注意统计说明不能为空，否则统计结果将无法保存。

(4) 统计结果将显示在右侧的显示区中。

在打开标准统计窗口后，菜单栏中出现“标准统计”菜单，用户也可在窗口中单击鼠标右键弹出这一菜单，如图3-92所示。

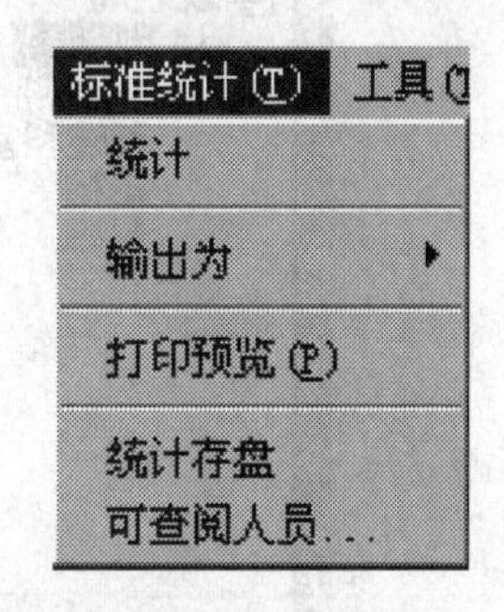

图3-92 “标准统计”菜单

1) 统计：单击后按标准统计窗口中的设置生成统计结果(显示在图3-91的统计结果区中)。

2) 输出为：将统计结果转化成文件的形式保存起来。

单击“输出为”→“文本文件”后弹出“另存为”窗口，如图3-93所示。用户可选择文件名和路径名保存统计结果。

图3-93 “保存统计结果”窗口

3) 打印预览。

4) 统计存盘：将统计结果保存在系统数据库中。

5) 可查阅人员…：指定可查阅统计结果的人员，单击后出现“人员选择”窗口，如图3-94所示。

从窗口左侧的科室与人员树状视图中选择人员后，按“>”按钮，该人员名出现在窗口右侧“已选择人员”列表中。

从右侧“已选择人员”列表中选中该人员，单击“<”按钮，即可清除该人员。

单击“确定”按钮后，所选择的人员出现在图3-94的“可查阅人员”文本框中。

2. 统计结果　在主菜单栏中单击“查询与统计”→“统计结果查询”，或在工作面板中的“查询与统计”组中单击“统计结果”图标，或在工具栏中选择“统计结果”，即可以进入“统计列表”窗口，如图3-95所示。

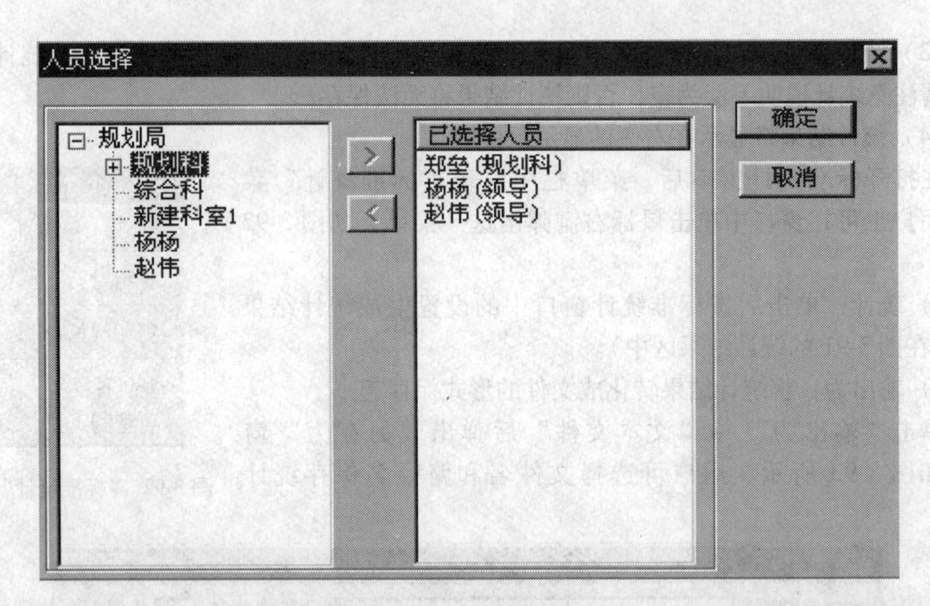

图 3-94 “人员选择”窗口

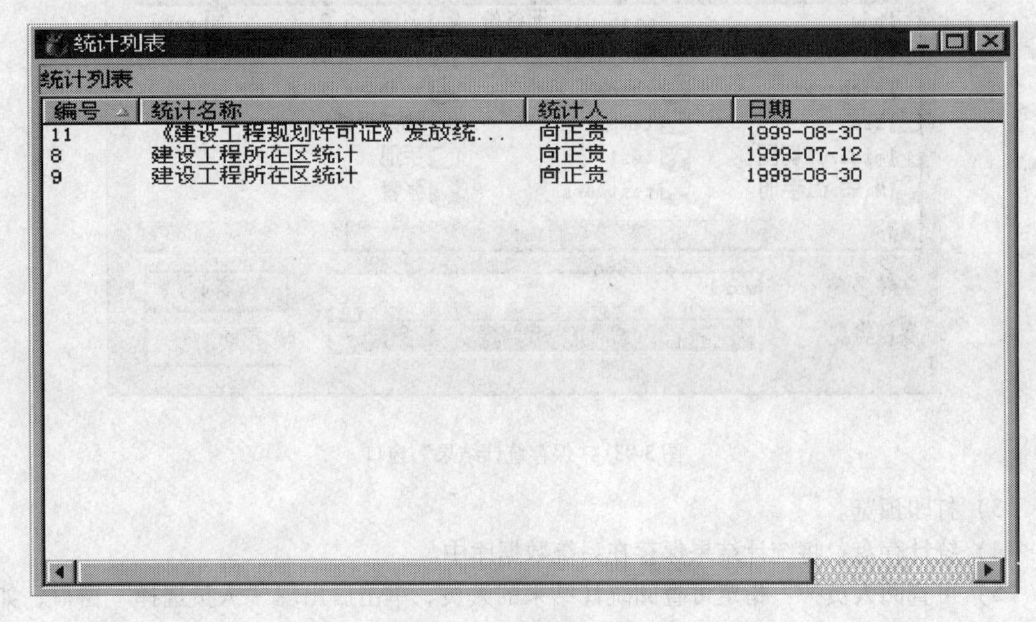

图 3-95 “统计列表”窗口

在打开统计列表窗口后，菜单栏中出现“统计列表”菜单，用户也可在窗口中单击鼠标右键弹出这一菜单，如图 3-96 所示。

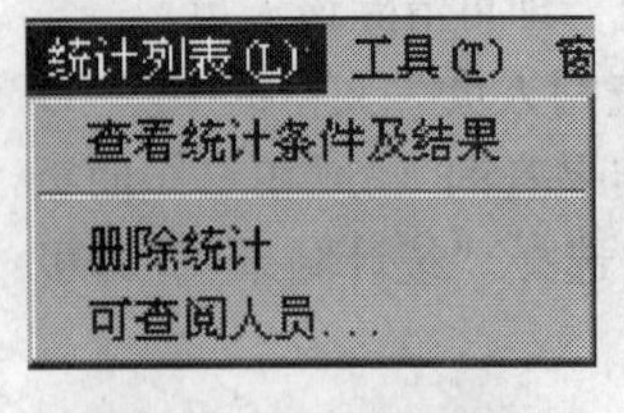

图 3-96 统计列表菜单

(1) 查看统计结果及条件　在统计列表窗口中选择一种统计类型，单击“统计列表”→“查看统计条件及结果”或在选中的统计类型上按鼠标右键，单击“查看统计条件及结果”，出现“查看统计条件及结果”窗口，如图 3-97 所示，请参照图 3-91及说明。

在进入“查看统计条件及结果”窗口后，主菜单栏上出现

查看统计条件及结果

统计名称:建筑规划设计条件统计

统计条件:

字段名称	操作符	操作数1	操作数2
报建日期	介于	1999-6-13	

统计说明:

统计日期：1999.6.30日

统计结果:

编号	建设单位	报建日期
3	长沙市林业局	1999-06-13 15
5	长沙中医药大学东直门医院	1999-06-13 16
8	北京市一建五公司	1999-06-13 16
12	求是杂志社	1999-06-13 17
19	中国航空工业总公司办公厅基建处	1999-06-13 19
20	长沙市银河饭店	1999-06-13 20
21	北京市一九六中学	1999-06-13 20
22	东城区房屋土地管理局	1999-06-13 22
23	北京市地毯四厂	1999-06-13 22
24	北京电视设备厂	1999-06-13 22

图 3-97 “查看统计条件及结果”窗口

“查看统计”菜单，或在窗口内按鼠标右键弹出此菜单，如图 3-98 所示。菜单的内容请参照标准统计菜单说明。

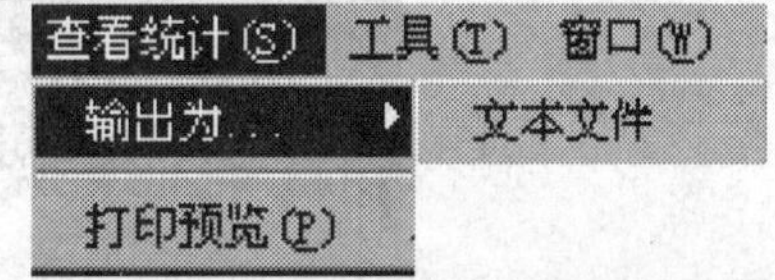

图 3-98 “查看统计”菜单

（2）删除统计

在统计列表窗口中选择一项统计，单击“统计列表”→“删除统计”或在选中的统计类型上按鼠标右键，单击“删除统计”，即会删除这项统计。

3.8 查　询

3.8.1 查询模块概述

查询模块的功能是对业务及业务的办理情况按查询条件进行查询，用户可以使用已有查询，也可自己设置新的查询条件。查询对于快速查找一组案卷非常有用。在工作面板中单击“查询与统计”工作组，出现“查询与统计”。

3.8.2 查询操作

查询操作的内容如“查询与统计”菜单所示（图 3-99）。

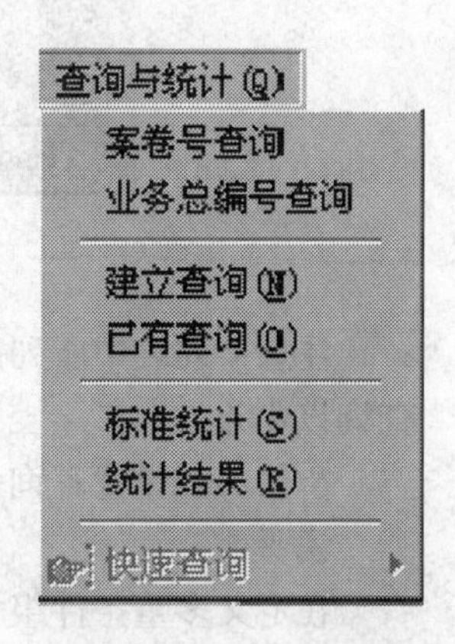

图 3-99 “查询与统计”菜单

注意：“使用已有查询”是系统中已建立好的查询条件，用户可以重复使用。已有查询列表中的内容可以不断的由用户添加或删除。

1. 建立新查询　有 3 种方法可以建立新查询。

方法一：在主系统界面的工作面板中，单击“查询与统计”

组，在出现的图标中单击“建立查询”。

方法二：从主菜单栏中，单击“查询与统计”→“建立新查询”。

方法三：从工具栏中的下拉列表中单击“建立查询”，出现“选择业务类型”窗口，如图 3-100 所示。

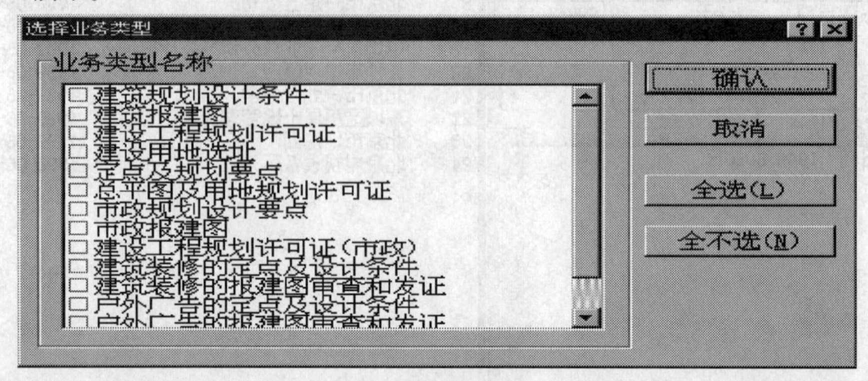

图 3-100 “选择业务类型”窗口

步骤一：选择业务类型

可以分业务类型进行案卷的查询。从图示窗口中可以选择一种或几种业务类型。单击“全选”或“全不选”按钮可以全部选中或撤消选中。选择业务类型后，单击“确认”按钮后进入“设置查询条件”窗口，如图 3-101 所示。

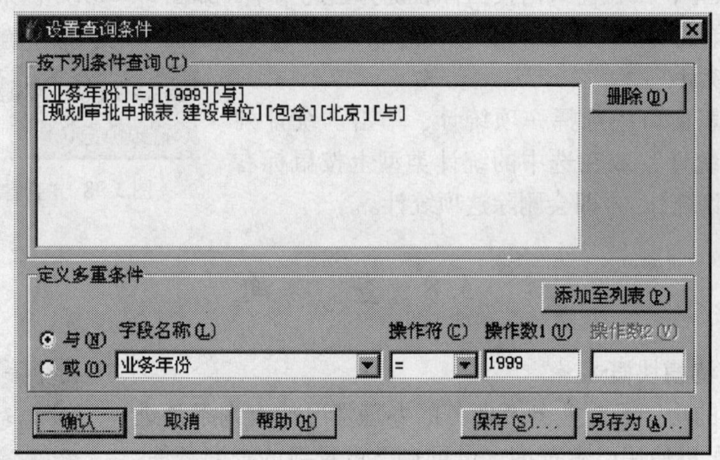

图 3-101 “设置查询条件”窗口

注意：列表中所列出的业务类型因人而异，办公人员必须具有该业务的业务角色才能查询该业务。

步骤二：设置查询条件

说明：

在定义多重条件组合框中，用户可利用组合框中的内容定义查询条件。

（1）“与”和“或”单选框定义多个查询条件是“与”还是“或”的关系，“与”表明条件必须兼而有之，“或”则表明条件只需满足其中之一即可。如上图中的查询结果必须同时满足（业务年份=1999）和（规划审批申报表的建设单位［包含］北京）的要求。

（2）可在字段名称下拉列表中选择查询字段，如业务建立时间等；在操作符中选择操作关系，如>、=、介于等；在操作数中选择操作数，对应于不同的字段名称，操作数栏可能是下拉列表，也可能是输入框，对应不同的操作条件，操作数可能是一个或两个，如操作条件为“介于”或“不介于”时，有两个操作数，其余情况下都只有一个操作数。

（3）输入一个操作条件后，单击“添加至列表”，操作条件出现在“按下列操作条件查询”文本框中。选中“与”或“或”操作关系，可以再输入下一个操作条件。

（4）选中一个操作条件，可单击“删除”按钮删除。

（5）查询条件输入完毕后，单击“保存”或“另存为”按钮，可为查询条件命名。保存查询条件后，可在“查询与统计”菜单中使用这一查询。

（6）查询条件输入完毕后，单击“确定”按钮，弹出“保存查询条件”对话框，如图3-102所示。

保存查询条件

请为查询条件命名：

ask

确定

取消

请填写查询条件的备注：

指定此查询可用人员：

赵伟(领导)

...

图3-102 “保存查询条件”对话框

在“请为查询条件命名”中输入查询条件名称；在“请填写查询条件的备注”中输入有关该查询的备注；单击弹出“人员选择”对话框，如图3-103所示。

（1）从窗口左侧的科室与人员树状视图中选择人员后，按“ >”按钮，该人员名出现在窗口右侧“已选择人员”列表中。

（2）从右侧“已选择人员”列表中选中该人员，单击“ <”按钮，即可清除该人员。

（3）单击“确定”按钮后，所选择的人员出现在图3-103的“指定此查询可用人员”文本框中。

（4）保存查询条件输入完毕后，单击“确定”按钮，查询结果就会显示出来。如图3-104所示。

（5）显示查询结果

注意：只有在步骤一中选择了单个业务类型，才能在设置查询条件时，选择该业务对应输入表格中的字段名。

步骤三：获得查询结果后，主菜单栏中出现“查询结果”菜单项，或在查询结果窗口中单击鼠标右键弹出图3-104所示菜单。

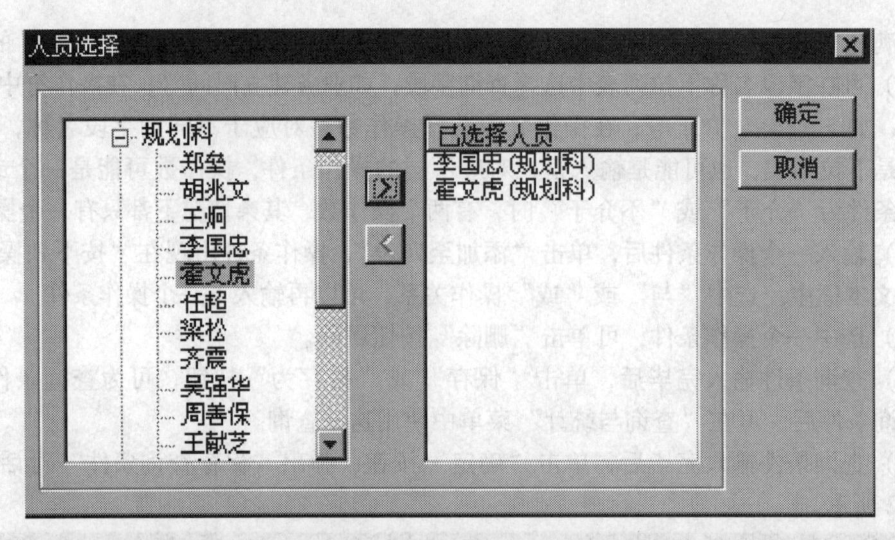

图 3-103 “人员选择”对话框

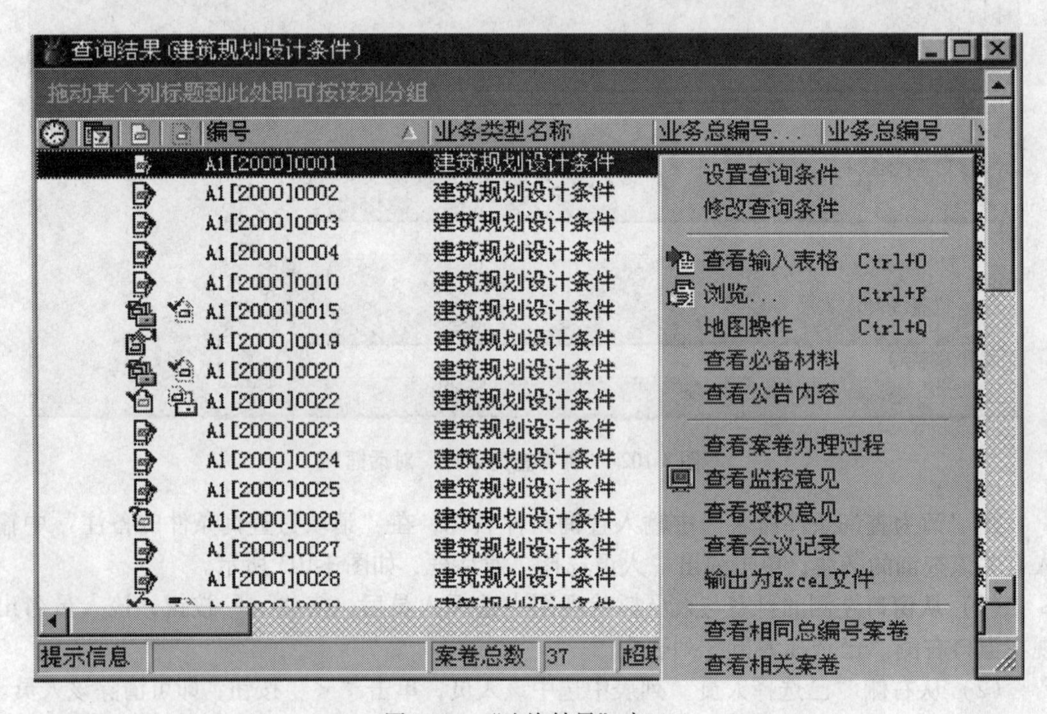

图 3-104 “查询结果”窗口

注意：设置完查询条件并为之命名保存后，重新进入办公系统后该查询会出现在“快速查询”的子菜单中。查询菜单的内容与个人的业务权限相关，菜单项可能随业务类型和个人权限的不同而不同。

2. 使用已有查询　在查询菜单的“快速查询”子菜单为已经建立好的查询名称。用户可以单击子菜单的项直接执行查询。

用户也可以单击“使用已有查询”菜单项或“查询与统计”工作组中的“已有查询”图标或工具栏的下拉列表中单击“已有查询”，从出现的查询条件列表窗口中选择查询条件，单击后进行查询。

在出现查询条件列表窗口后，主菜单栏出现“业务查询条件列表”菜单项，单击这一菜单项或在窗口内按下鼠标右键，都会出现如图 3-105 内所示的菜单。

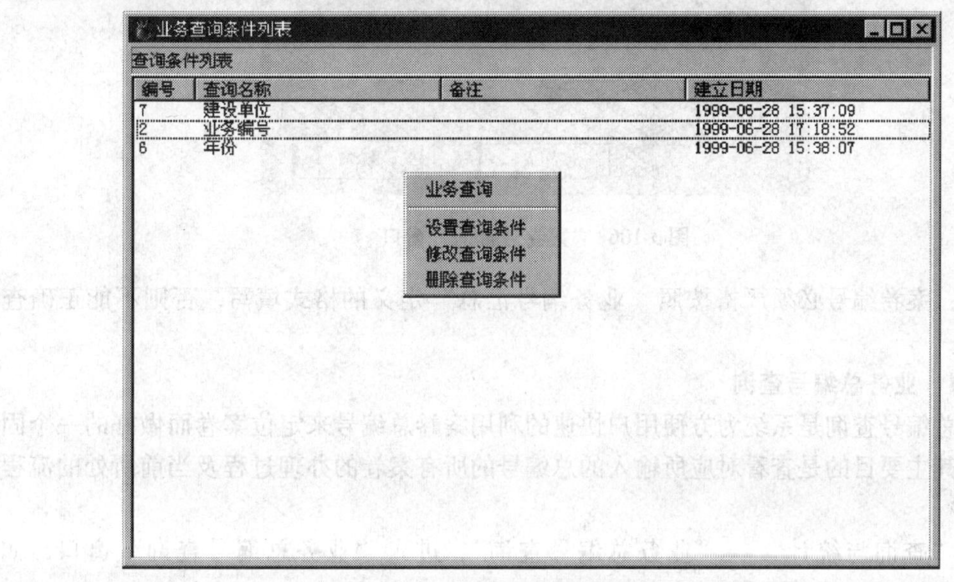

图 3-105　业务查询条件列表

选中一查询条件后，可执行：

（1）业务查询：单击后按查询条件执行查询，显示查询结果。

（2）修改查询条件：与设置查询条件操作方法完全相同。

（3）删除查询条件：清除选中的查询条件。

（4）设置查询条件：可以更改已设置好的查询条件的操作符与操作数，再进行查询。

如图 3-105 所示，条件列表中的内容是在“建立新查询”的设置查询条件或“已有查询”的修改查询条件时设置的。

在这里用户不能更改条件列表中的字段名称，只能改变操作符与操作数。

“检查格式”：单击“检查格式”按钮后，系统检查用户所输入的操作符与操作数是否对应，输入的操作数是否合法等。如果格式检查不合法，不能进行查询。单击“确认”，完成设置查询条件，此时，如果单击“修改查询条件”进入“修改查询条件窗口”，会发现窗口中的“按下列条件查询”列表框的内容也随之发生了改变。

3.8.3　案卷号查询

案卷号查询是系统为方便用户快速定位单条案卷而做好的一个固定查询。

单击“查询与统计”→“案卷号查询”，进入“案卷号查询”窗口，如图 3-106 所示。

如果选择“案卷号”，则用户在文本框中输入案卷编号。单击“确认”后，显示查询结果窗口。

可以查看输入表格，浏览…，查看必备材料，查看案卷办理过程等，其菜单项根据个人相对各业务类型能否进入查询箱而不同，如能进入查询箱则能看到这些菜单项。主菜单栏中出现菜单“特殊查询结果”，也可以鼠标右键单击案卷弹出菜单；对于各菜单项的使用，请参见在办箱同名菜单的说明。

图 3-106 “案卷号查询”窗口

注意：案卷编号必须严格按照“业务编号汇总”定义的格式填写，否则不能正确查找。

3.8.4 业务总编号查询

业务总编号查询是系统为方便用户快速的利用案卷总编号来定位案卷而做好的一个固定查询，其主要目的是查看对应所输入的总编号的所有案卷的办理过程及当前所处的流程阶段。

单击“查询与统计”→“业务总编号查询”，进入“业务总编号查询”窗口，如图 3-107所示。

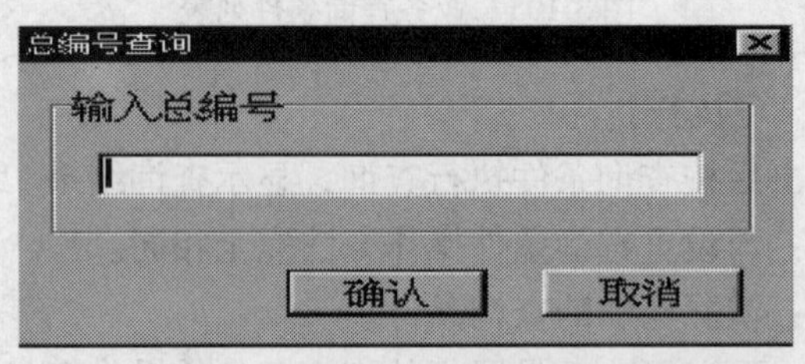

图 3-107 “业务总编号查询”窗口

用户在“总编号”文本框中输入案卷总编号，单击确定按钮后，显示“业务总编号查询结果”窗口，如图 3-108 所示。

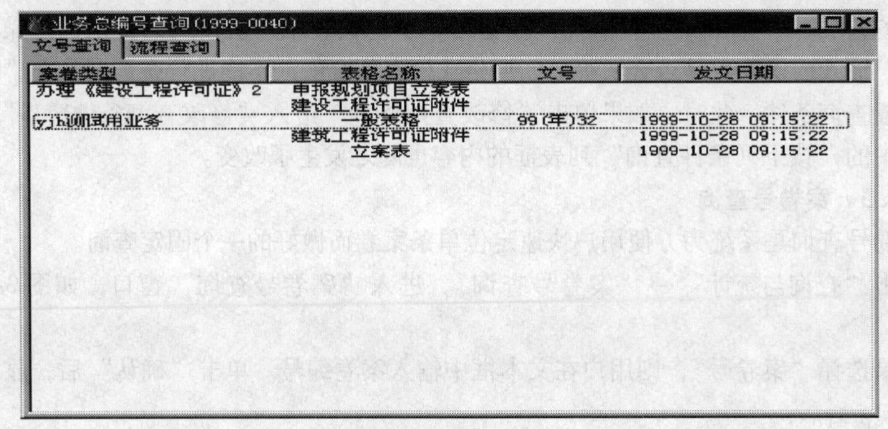

图 3-108 “业务总编号查询结果”窗口（文号查询）

其中，窗口显示了所查询出来的案卷的业务类型、表格名称、文号和发文日期；如果有多个案卷对应同一个总编号，则同样也显示案卷的这些信息。

单击标签页“流程查询”，则显示窗口如图 3-109 所示。其中，窗口只显示所查询案卷所经过的流程阶段（对应该业务所配置的流程图的各阶段名称）以及到达该阶段的时间。

如果有多个案卷对应同一个总编号，在查询结果中将会分多行显示多条案卷的流程阶段信息。在出现业务总编号查询结果窗口的同时，主菜单栏也出现菜单“业务总编号查询”，如图 3-109。

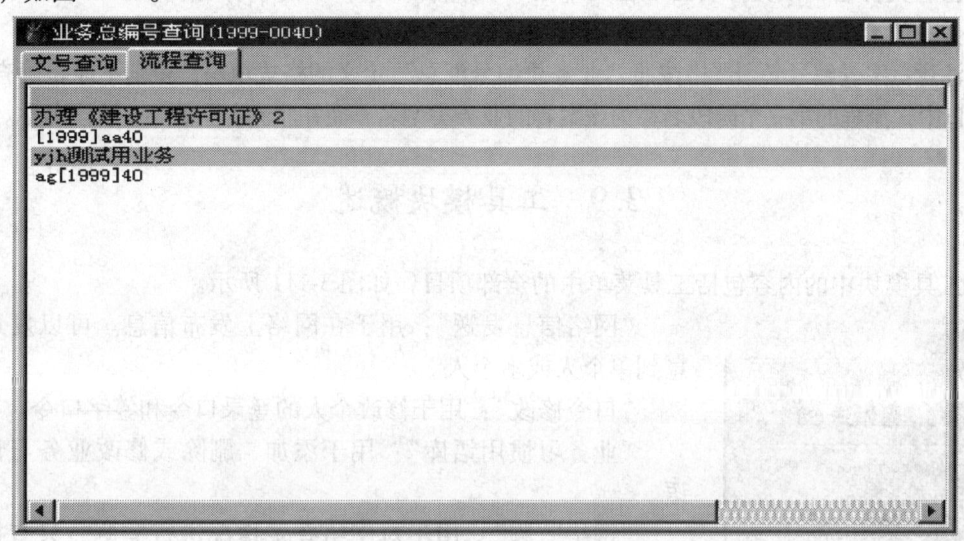

图 3-109 菜单“业务总编号查询”

点击“输出为文本文件”，则出现保存窗口如图 3-110 所示。

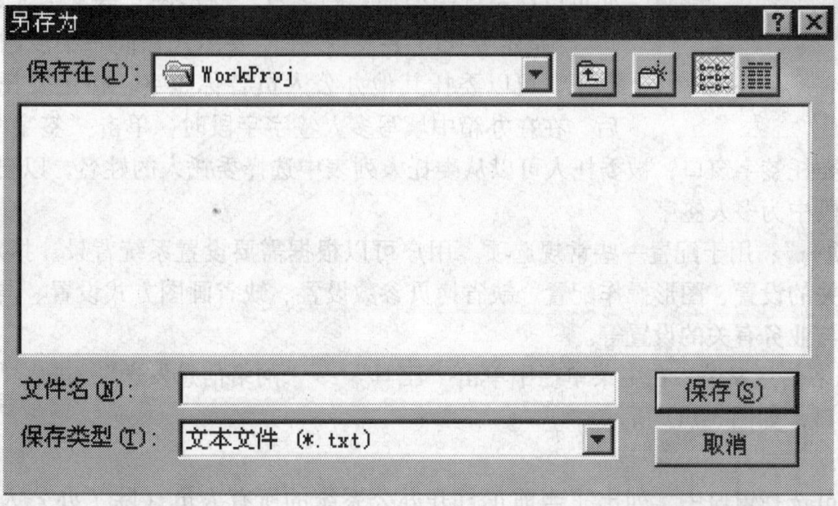

图 3-110 保存窗口

只要在文本框“文件名”中输入名称，在文本框“保存在”选择保存路径，即可保存结果。操作步骤：

步骤一：从“保存在”旁的下拉列表中选择文件或文件夹，文件夹内可能又包含有多个文件或文件夹，构成多级嵌套关系。选中一个文件夹，单击后打开这一文件夹，窗口中间的显示框中便出现它所包含的文件或文件夹，可以继续打开文件夹直至选中所要的文件或文件夹为止。文件类型列表框中可选的文件类型为（*.TXT），表明当前只能保存文本文件。选中一文件后，单击这一文件就会出现在“文件名（N）”旁边的文本框中。

步骤二：在文本框“文件名”中输入名称，单击“保存在”，即可保存结果；也可以单击已有文件名，该文件名出现在文本框“文件名”中，单击“保存在”，即可替换原来的文件。放弃保存文件，请按“取消”。

注意：案卷编号必须严格按照“业务总编号汇总”定义的格式填写，否则不能正确查找。在窗口中，流程的第一个阶段名称为该案卷的业务类型名，而并非流程图的第一阶段名称。

3.9 工具模块概述

工具模块中的内容包括工具菜单中的全部项目，如图3-111所示。

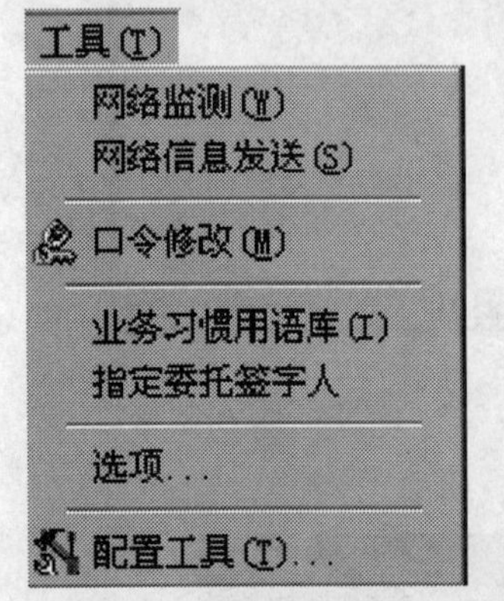

图3-111 工具菜单

“网络信息发送”：用于在网络上发布信息。可以发送信息到单个人或多个人。

“口令修改”：用于修改个人的登录口令和签字口令。

“业务习惯用语库”：用于添加、删除或修改业务习惯用语。

“网络监测”：用于对网络登录情况进行监测，只有拥有网络监测权限的人员才能看到这一菜单项。

“配置工具”：可以由用户根据需要为系统添加应用程序，如可以在系统中增加“写字板”、“绘图”等常用工具。

“指定委托签字人”：在需要多人在同一字段内签字的情况下，可以委托其他办公人员替你签字。指定委托签字人之后，在在办箱中填写多人签字字段时，单击“签字”菜单后，系统弹出委托签字窗口，被委托人可以从委托人列表中选择委托人的姓名，以自己的口令在同一字段中为多人签字。

“选项…”：用于配置一些常规选项。用户可以根据需要设置系统背景、指定代理人、与消息有关的设置、图形操作配置、缺省拷贝参数设置、缺省画图方式设置、与消息有关的设置、与业务有关的设置等。

1. 网络信息发送　在主菜单栏中单击“工具”→“网络信息发送”，进入“网络信息发送”窗口，如图3-112所示。

说明：

在人员选择窗口中，列出了当前正打开办公系统的所有人员（除了办公人员自己）。选中一人员后，单击“>”按钮或直接双击人名，可选择该人员到接受消息人员列表中（窗口右侧）。

从右侧的接受消息人员列表中选中一人员后，单击“<”按钮或直接双击人名，可在接受消息人员列表中删除这一人员。

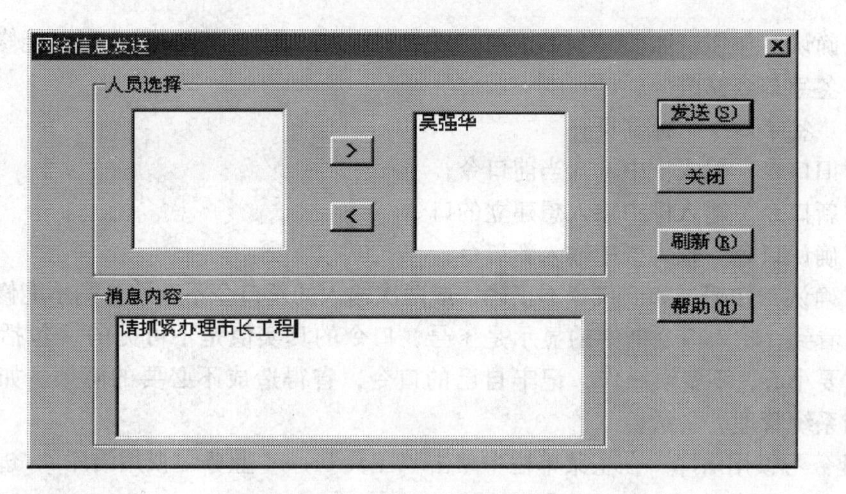

图 3-112 “网络信息发送”窗口

在内容栏输入信息内容。在内容栏中单击鼠标右键，将会弹出编辑菜单，可以使用剪贴、复制、粘贴等多种方法进行输入。

单击“发送”按钮，将消息发出。

单击“关闭”，关闭窗口。

单击“刷新”按钮，刷新窗口显示，如此时登录办公系统的人员发生变化，窗口左侧的人员选择列表中的内容随之发生变化。

网络消息发送时，接受人的办公系统主窗口会弹出通知消息（如果接受人设置了“显示通知消息”选项），并且接受人的消息箱中也会记录这一消息。

2. 口令修改　在主菜单栏中单击“工具”→“口令修改”，进入“修改口令”窗口，如图 3-113 所示。

修改口令
登录口令 签字口令
旧 口 令：*** 确 认
新 口 令：*** 取 消
确认口令：*** 帮助(H)

图 3-113 “修改口令”窗口

单击“登录口令”或“签字口令”标签页，可以选择修改登录口令或是签字口令。

（1）登录口令修改

选中“登录口令”标签页；

在“旧口令”输入框中输入当前口令；

在“新口令”输入框中输入想建立的口令；

在“确认口令”输入框中输入新口令；

按“确认”按钮。如旧口令不正确，或两次输入的新口令不一致，则不能修改。

(2) 签字口令修改

选中“签字口令”标签页；

在“旧口令”输入框中输入当前口令；

在“新口令”输入框中输入想建立的口令；

在“确认口令”输入框中输入新口令；

按“确认”按钮。如旧口令不正确，或两次输入的新口令不一致，则不能修改。

可以看到，输入口令框中的显示是＊号，口令的真实值是不可见的（包括对自己）。请输入时要小心，不要误操作，记牢自己的口令，省得造成不必要的麻烦。如果遗忘口令，请与系统管理员联系。

3. 业务习惯用语库　在主菜单栏中单击“工具”→“业务习惯用语库”，进入“业务习惯用语库”窗口（图3-114）。

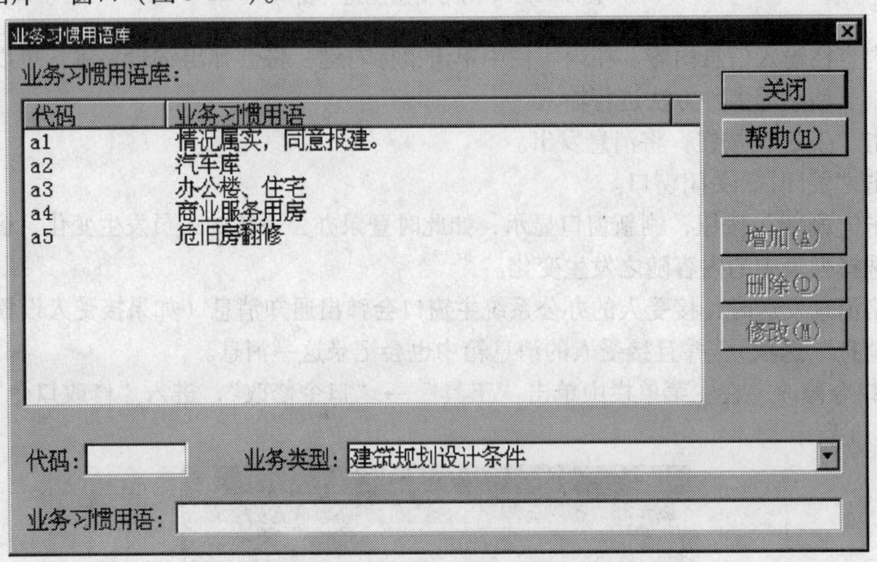

图3-114　修改“业务习惯用语库”窗口

首先从业务类型列表中选择一业务类型后，用户可以单击相应按钮增加、删除、修改这一业务类型的习惯用语。

(1) 选中一习惯用语后，该习惯用语的代码和内容出现在窗口底端的相应位置，在对习惯用语内容或代码做了改动后，单击“修改”按钮，所做修改反映到窗口上方的业务习惯用语列表中（覆盖改动之前的习惯用语）。

(2) 在输入新的习惯用语代码和内容后，单击“增加”，添加一条新的习惯用语。也可以选中一条习惯用语，在原有基础上做改动后，单击“增加”，添加一条新的习惯用语（不覆盖改动之前的习惯用语）。

(3) 选中一条习惯用语后，单击“删除”，可删除这一习惯用语。

4. 网络监控　拥有网络监控权限的人员的工具菜单中会出现“网络监控”菜单项，供实时地监控当前网络的登录情况。用户还可以设置网络的刷新速度。

在主菜单栏中单击“工具”→“网络监控”，进入“网络监控”窗口（图3-115）。

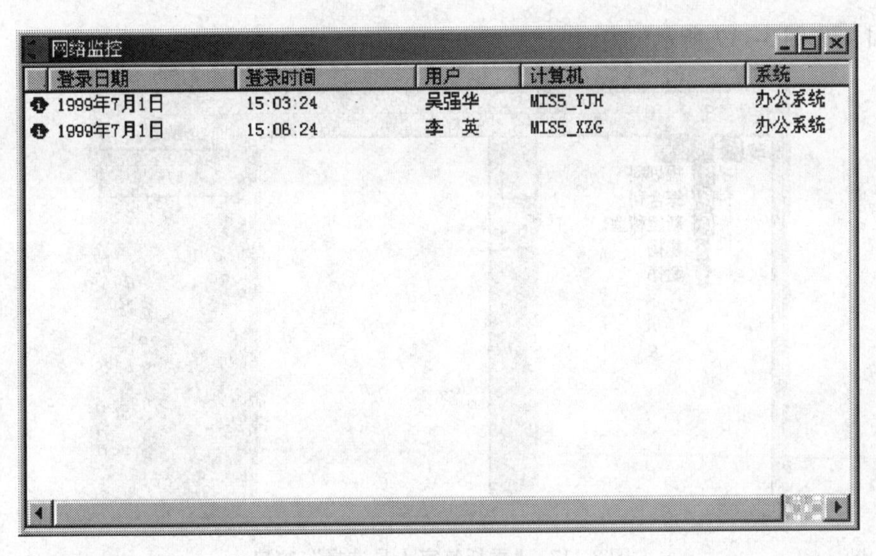

图 3-115　网络监控

在进入“网络监控”窗口后，主菜单栏中出现“设置刷新速度”菜单，可以设置网络刷新的速度。网络刷新是指定时地更新网络监控窗口中的内容，以随时检测到新的变化。

高速：每秒刷新一次网络监控窗口。

普通：每 30s 刷新一次网络监控窗口。

低速：每 2min 刷新一次网络监控窗口。

中断：网络监控停止刷新。

5. 配置工具　在主菜单栏中单击“工具”→“配置工具”，进入“配置工具”窗口，如图 3-116 所示。

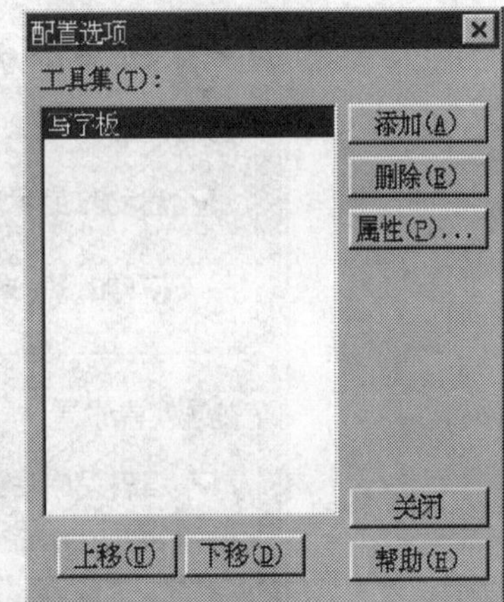

图 3-116　“配置工具”窗口

窗口说明：

单击“添加”按钮，弹出“工具属性”窗口，可配置工具属性，为系统添加工具（即应用程序）。标题：为工具命名。程序：单击文本框右侧的“…”（浏览）按钮，可以从计算机硬盘、软盘和网络中选择应用程序。这里选择的是“Word pad”（写字板）程序。工作目录：为程序指名所在的文件目录及路径。参数：如果应用程序带有参数的话，需为参数赋值。

配置完工具属性后，单击“确认”按钮，工具出现在配置窗口中，关闭窗口后，所配置的工具标题出现在“配置工具”菜单下的工具列表中。在工具列表中单击这一工具，就可以像在别的位置一样自由使用它。

· 选中某一工具。单击“属性”按钮，可以查看并修改工具属性。

· 选中某一工具。单击“删除”可清除这一工具。

·“上移”和“下移”按钮：可调整工具在工具列表中的显示位置。

6. 指定委托签字人　单击“工具”→“指定委托签字人”，进入“委托签字人员选择”窗口，如图3-117所示。

图3-117 “委托签字人员选择”窗口

如图所示，窗口左侧为规划局所有科室及人员列表，从左侧单击选中人员后，按“>”按钮，所选择的人员出现在窗口右侧的“委托签字人”列表中。

从窗口右侧的“委托签字人”列表中选中一人员后，单击“<”按钮，可从指定人员中删除所选人员。

7. 选项 单击“工具”→“选项…”，进入“选项”窗口，如图3-118所示。

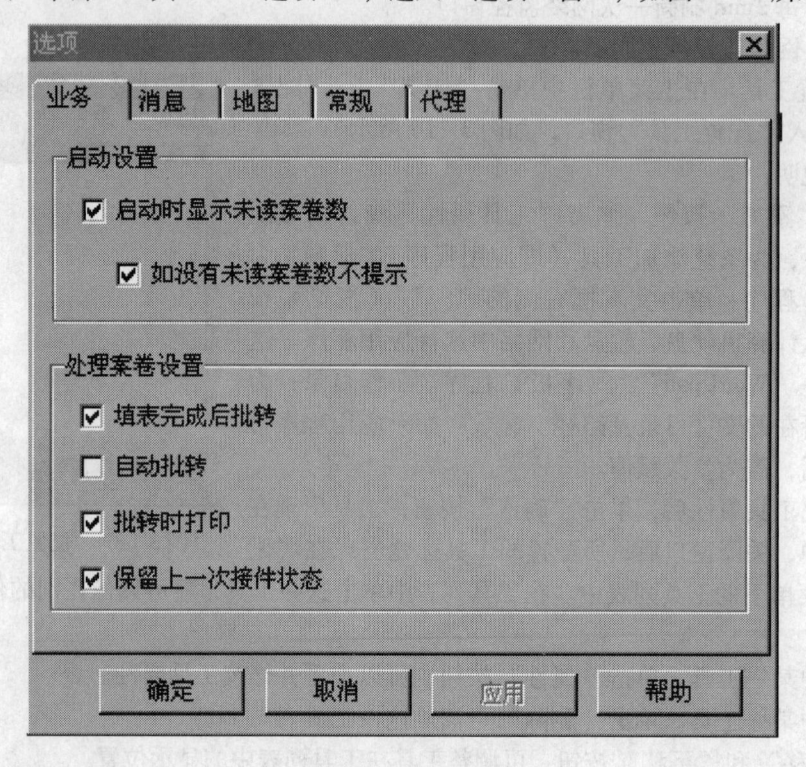

图3-118 “选项”窗口

如图所示，该窗口包括业务、消息、地图、常规、代理5个标签页。

(1)“业务”：如图3-118所示，该页包括“启动设置”和“处理案卷设置”。

在“启动设置”中如果选择了“启动时显示未读案卷数”，则在启动办公系统时会出现“未读案卷数”小窗口，提示收文箱、在办箱、授权箱、案卷消息箱中未读的案卷数。如果在选择了“启动时显示未读案卷数”后，又选择了“如没有未读案卷数不提示”，当上述4个箱子没有未读案卷时，不显示“未读案卷数”小窗口，只有在有未读案卷时才显示。

在“处理案卷设置”中包含4个选项，分别是：填表完成后批转；自动批转；批转时打印；保留上一次接见状态。完成后批转和批转时打印是为了方便用户使用而特设的功能。如果选择了“完成后批转”，在填写表格完成后，系统自动弹出批转窗口，可以从中选择批转到的人员，直接批转。对于某些固定要在批转时打印出来的表格，可以设置“批转后打印”选项，省去专门打印的步骤。“自动批转”是指批转的自记忆功能。只要该流程阶段有自动批转的权限，在选择自动批转后，系统会记忆选择自动批转后第一次某业务类型的某一流程阶段的批转对象，以后便不再弹出批转窗口，而直接批转给自动批转对象。自动批转适用于某一流程下一阶段处理人固定的场合。如果希望转换批转对象，只需在视图中去掉这一选项，即可在批转时弹出批转窗口，重新选择批转对象。在此后的每次批转时，系统都会将所选的批转对象记忆为新的自动批转对象，一旦选中“自动批转”后，系统便按照所记忆的自动批转对象批转案卷。选择“保留上一次接件状态”，系统会记忆上一次接件的状态，接件时会自动读取上一次接件的业务类型，当然，也可以选择业务类型。

注意：如果流程阶段没有“自动批转”的权限，选中“自动批转”菜单后仍不能自动批转；如果流程阶段有“指定主办人”的权限，也不能执行自动批转操作。

(2)“消息”：如图3-119所示，该页包括：消息覆盖方式、消息保存、消息到达时等选项。

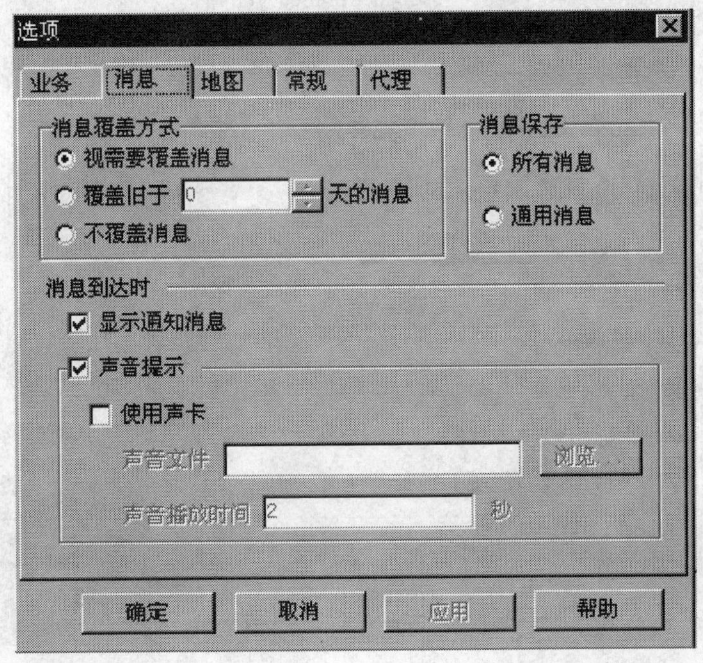

图3-119 “消息”页

在“消息覆盖方式”中，可以选择消息箱中对旧消息的覆盖方式。它包括 3 个选项：“视需要覆盖消息”、“覆盖旧于——天的消息”、“不覆盖消息”。可以根据情况选择一种。

“视需要覆盖消息”是指当消息的数量大于消息箱设置容量时，系统会把最旧的消息覆盖；“覆盖旧于——天的消息”是指距现在——天的消息被覆盖；“不覆盖消息”是指保留旧消息，不对旧消息进行覆盖。

在“消息保存”中可以选择系统保存消息的类型。可以选择保存“所有消息”或“通用消息”。“所有消息”包括所有的消息，“通用消息”则是指通过“网络信息发送”发送的消息。

在“消息到达时”选项中包括：“显示通知消息”和“声音提示”两个选项。

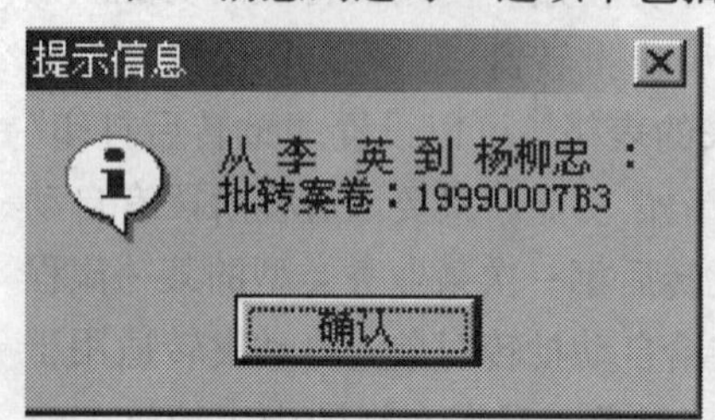

图 3-120　通知消息

“显示通知消息”的作用在于：当选择了“显示通知消息”后，在打开办公系统的情况下，当与同处一个办公系统网络上的人员发消息给你，系统会弹出对话框提示。如有人批转案卷给你，就会弹出如图 3-120对话框，提示有新的案卷进入你的收文箱，可以办理了。

“声音提示”的作用在于：当选择了“声音提示”后，在打开办公系统的情况下，当与同处一个办公系统网络上的人员发消息给你，系统发出声音提示。如果选择“使用声卡”选项，则要填写“声音文件”路径和“声音播放时间”，系统会用声卡发出声音。否则，不选择“使用声卡”系统使用内置喇叭发声。

（3）“地图”：地图页如图 3-121 所示，该页包括图形操作配置、拷贝次数、距离标注偏移、画图方式等选项。

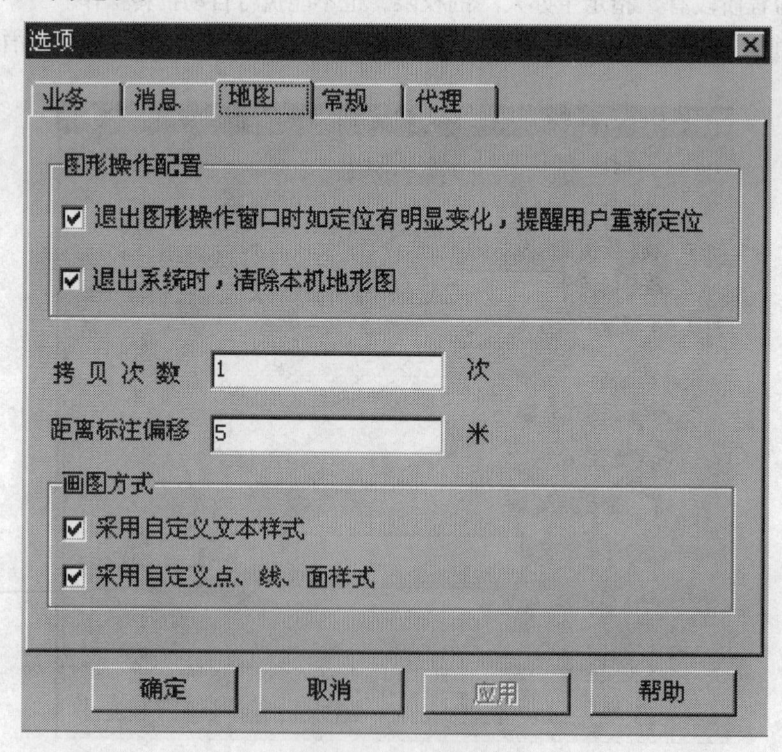

图 3-121　“地图”页

在“图形操作配置”中，如果选择了“退出图形操作窗口时如定位有明显变化，提醒用户重新定位”，则在退出图形窗口时，如果图形位置发生了明显变化，系统会弹出对话框，确认是否重新定位。

在“图形操作配置”中，如果选择了“退出系统时，清除本机地形图”，则在关闭办公系统时，系统会清除临时图形目录中的地形图文件。

在“拷贝次数”中输入缺省的“地物拷贝”拷贝次数。

在“距离标注偏移”中输入距离标注时缺省的偏移物体的距离。

在“画图方式”中，如果选择了“采用自定义文本样式”，则文本标注缺省采用自定义文本样式。如果选择了“采用自定义点、线、面样式”，则画图缺省采用自定义样式。

（4）“常规”：该页用于选择办公系统的背景图。单击“浏览…”按钮，可以选择背景图的文件路径。

（5）“代理”：代理页如图3-122所示，该页用于指定代理人。

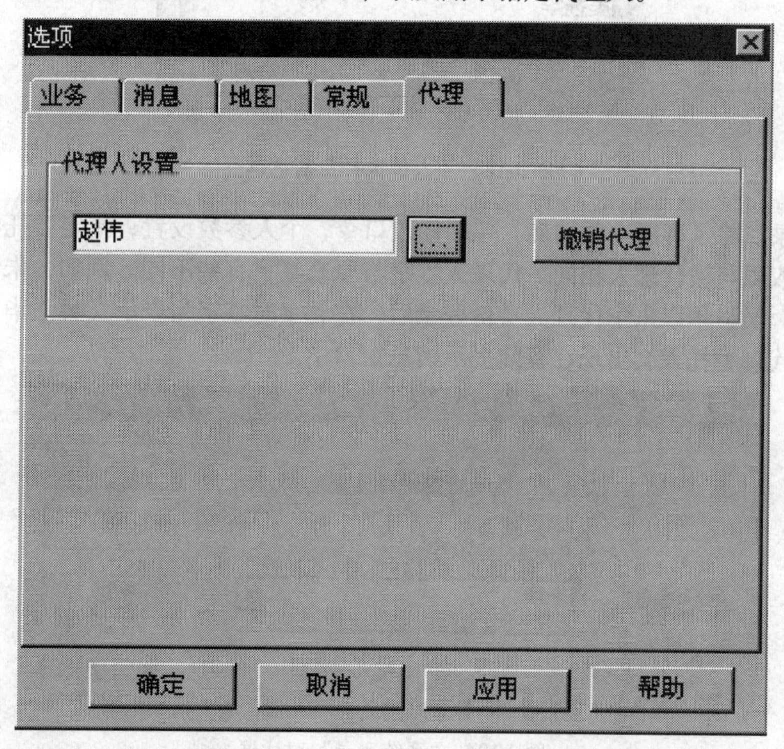

图3-122 “代理”对话框

单击按钮，弹出“人员选择”对话框如图3-123所示。双击选中人员后，所选择的人员出现在窗口底部的“选择人员”文本框中。单击“确定”按钮完成人员选择。单击“撤销代理”，则撤消所指定的代理人。

设置完以上5个标签页后，单击“确定”按钮，完成设置。指定代理人会给委托代理人发送消息，撤消代理也会给原委托代理人发送消息。

代理人以被代理人身份登录时，在“系统登录”对话框中，如图3-124所示。代理人的姓名，“口令”用代理人本人的口令，然后单击“代理登录”按钮，代理人就会以被代

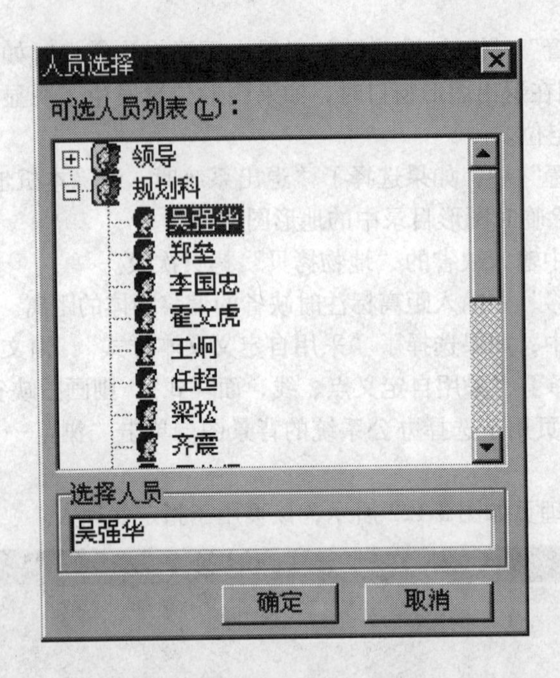

图 3-123 “人员选择”对话框

理人身份登录。除了屏蔽一些功能，包括修改口令，个人参数设置，指定委托签字人等功能外，其他权限与被代理人相同。代理人签字与原来签字有些不同。例如，朱华指定吴强华为代理人，吴强华以朱华代理人身份登录后，在签字时签字为朱华（吴强华）。

注意：代理委托人会出现在登陆提示消息窗口中。

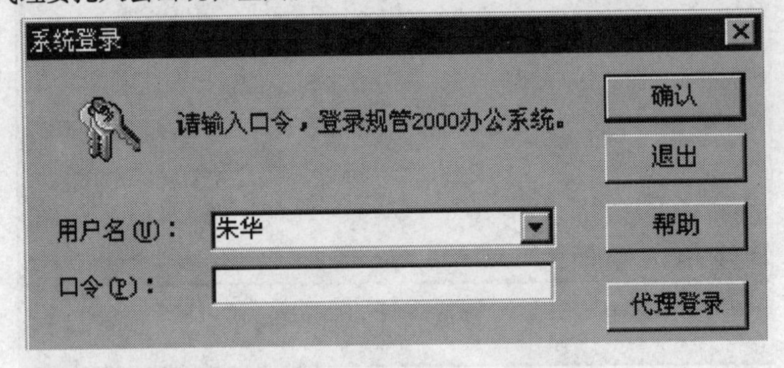

图 3-124 “系统登录”对话框

第四章　城市规划管理信息系统应用实例

4.1　应 用 背 景

太原市规划设计管理局是负责对城市用地进行合理控制和管理，对各建设项目的规划方案进行审查，对规划实施情况进行有效的监督检查等工作的部门。在日常办公中，涉及大量对报建项目的审查、发证，对各种比例尺图形以及历史图文资料的查询、统计、分析。上级领导部门随时需要的各类统计报表、方案图、专题图也全部由手工计算和绘制完成。旧有的办公模式导致工作效率低，业务管理也不太规范。

20 世纪 90 年代以来，随着城市建设规模的迅速发展，对业务资料和建设信息的公开性、现势性、完整性和流通性要求的不断加强，业务人员逐渐意识到：社会的飞速发展，给规划管理工作提出了更加迫切的要求，只有改变原有的手工管理方式，采用先进的技术手段，实现规划管理工作的现代化，才能对城市的发展、城市规模、城市建设实施高效、严格的管理与控制，真正为市政府管理好城市当好参谋助手。

太原市城市规划管理信息系统始建于 1996 年，系统内已经录入了太原市城市规划中心区内的 1:500、1:10000、1:25000 地形图共计 5000 余幅、规划道路红线、8 大类市政公用管线共计 1800 余 km，以及规划详控规等资料，目前为止，系统存储各种图形共计 6000 余幅，共计审批出证出图已超过 6000 件，为建设单位提供地形图 40000 多张。

太原市城市规划管理信息系统现已全面运用到规划管理、审批、检查等工作中，现规划局办案已完全淘汰了手工作业方式系统以其稳定的性能、丰富的功能和齐全的基础资料在太原市规划管理工作中发挥了非常重要的作用。同时，该系统还通过了山西省省级科技成果鉴定，并荣获过山西省科技进步一等奖。

4.2　系统应用特点

4.2.1　系统结构框图（图 4-1）

4.2.2　系统的几个突出特点

1. 突出了规划管理工作中图、文、表、管一体化过程的特色。

2. 提供既满足日常办公，又满足管理模式、管理体制随机变动要求的自适应系统。率先实现了工具式规划管理信息系统的概念。

3. 支持海量数据，目前为止，系统存储管理各种图形共计 6000 余幅，共计审批出证出图已超过 6000 件。

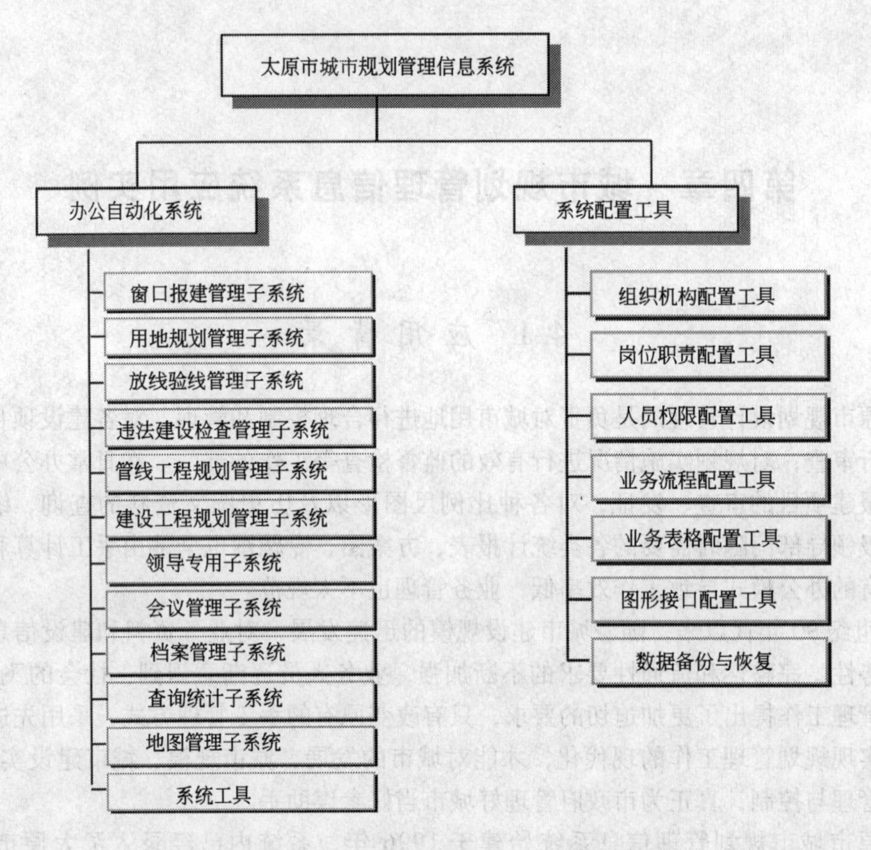

图 4-1　太原市城市规划管理信息系统结构框图

4. 有机拟合了规划管理中选址、用地、建筑、市政管线等各业务管理的流程和工作阶段，靠近手工办公工作习惯。

5. 体现以业务功能为对象的设计方法，避免了管理组织、管理流程变动对系统的损害，保证系统具有通用性、典型性和应变能力。

6. 采用软件工程设计方法和书写模块化程序，保证系统的可靠性、可维护性和版本升级的兼容性。

7. 集中提供图形绘制与编辑、标注、填表、量算、分析、统计、图查数、数查图、输入、输出等工具，初步实现无纸化办公环境。

8. 系统信息编码、系统功能和数据结构，可方便地扩充，并可在此基础上发展其他专业系统。

9. 系统数据均按照信息分类及代码的标准存入计算机，能与商业数据库管理系统、CAD 系统及其他 GIS 系统方便地进行数据交换。

10. 建立了系统的远程诊断功能，可以在第一时间获得有效的支持。

4.2.3　系统运行环境

局内下设主要业务科室为用地处、建管处、市政处、综合处、监察处等，业务处室基本为人手一机，网络规模为 60 余个结点。

1. 硬件

（1）服务器：HP LH4 D7103A，PIII XEON 500 双 CPU，512K 全速缓存，256M 内存，4 块 9G 热插拔高速 SCSI 硬盘；

（2）高档微机 40 台：HP D8119A，PIII450，64M 内存，8.4G；

（3）奔腾微机及兼容机 21 台；

（4）数化仪：CULCOMP DRAW3 1 台；

（5）绘图仪：HP750C 2 台；

（6）磁带机：大容量 8mm 5G/7G 磁带机 1 台，150M/250M 1/4 英寸 磁带机 1 台；

（7）交换机：3COM 16980 2 台，INTER EXPRESS 高速以太网交换机 1 台；

（8）松下投影机 TE-1085E 1 台；

2. 软件

（1）操作系统：服务器上，使用 Windows NT 4.0 Server 作为服务器操作系统，在各个办公室的微机上，使用 Windows98 或 Windows NT 4.0 WorkStation 作为操作系统；

（2）数据库平台选用 Microsoft SQL Server；

（3）系统开发软件选用建设电子最新产品——城市规划管理信息系统 2000 版。

4.3 应用效果

4.3.1 推进规划工作标准化、规范化

城市规划管理信息系统的建立，为太原市规划设计管理局日常工作的标准化、规范化的实施提供了有效的手段。全局专门组织有关人员对国内应用新技术的城市规划管理部门进行考察，对全局的办案流程、审批程序、申报要求、工作人员岗位职责等进行了重新整理和优化。从而大大提高各部门的办事效率，推进各部门对社会服务的公开承诺，并以此为龙头，改善政府规管的对外形象，带动社会在规划领域规范化发展。

4.3.2 增加办案的透明度，有助于廉政建设

在系统建设过程中，必然涉及对规划管理业务内部审批流程的规范化。案件流转的去向和在每一阶段的办理时间和结果，都以可视化的方式在系统中表现出来，便于监督、管理，从而促进全局的廉政办公。

4.3.3 加快信息流通，实现无纸办公

目前局内已彻底抛弃手工档案，完全以电子化手段保存案件审批的所有文档，其电子签名已经通过法律认可。同时，由于系统中保存有与城市规划管理相关的全部地形、规划和历史审批资料，杜绝了在选址、定点等决策过程中的盲目性，为城市规划、建设和管理提供快捷、科学的决策依据。

4.3.4 高效实用，快速出成果

系统内已录入了太原市城市规划中心区内的各类地形图共计 5000 余幅、规划道路红线、8 大类市政公用管线（共计 1800 余 km）以及规划详规、控规等各类资料，工作人员可以在短时间内，将地形图、规划道路红线、地下管线等资料根据不同的要求，叠加在一起进行校核、分析、出方案。例如：太原市政府在组织拆除并州东街违法建筑的同时，要求市规划局在 4h 之内拿出并州东街整治规划方案。这些工作如果要人工来做，至少需要 3 个人干一天，有效工作至少需 20h。规划局利用城市规划管理信息系统，只用了 30min 就

将并州东街长1.7km的15幅1:1000专题地形图（叠加了规划所需要的道路红线、地下管线资料）全部准备好。实践证明，太原市城市规划管理信息系统已成为规划局做好规划管理工作的坚实基础。

4.3.5　提高工作质量，实现规划审批一张图

在太原市城市规划管理信息系统使用之前，由于基础资料很难做到集中统一管理，所以难以实现资料共享。此外，地形图内容更新慢，周期长，使得城市测绘基础资料与城市规划管理工作的要求相距甚远。工作人员无法及时了解到其他部门的审批情况，审批后的规划用地、建筑、道路及各种地下管线资料也无法及时反应到同一张图面上，给后序工作造成许多不便。城市规划管理信息系统使用之后，各种资料都录入了系统，实现了现状资料、规划资料、审批资料的共享。全局人员都可以在统一的基础资料上作业，操作简便、易学，业务人员能够很快进入工作角色，高质量完成工作任务。

4.3.6　节约成本，巨大的经济回报

太原市城市规划管理信息系统的软件部分可以向城市其他专业管理部门推广。系统内包括了城市规划、城市建设、城市管理所需要的多种基础资料。市政、煤气、电信、自来水、土地、防汛、消防、公安等部门不需要再进行基础资料录入就可以方便地使用，避免了重复投资。如果按八大专业管理部门计算，初步估计可为每部门节约资金200万元以上，共计1600万元以上。

应用太原市城市规划管理信息系统后方便了地形图的修测，修测后的地形地物可以及时准确地修录到系统内，大大提高了基础资料的现势性。审批过程中规划用地、建筑、道路及管线资料都可以随时录入系统，方便了所有工作人员查阅，解决了测图容易修图难的问题，每年可以节省测绘投资50余万元。

4.3.7　不断扩展，满足新需求

太原市辖设6区，在各区均有规划局派驻的规划办公室，负责各区的“一书两证”发放、规划管理、建设档案管理等工作，同样涉及大量对市区地形图、规划图、地下管线图及各类红线图资料以及对市规划局审批案卷的查阅。为了全面实现太原市城市规划管理的办公自动化，在市局系统成功应用的基础上，太原市规划局目前已开展各区规划办的信息系统建设工作，同时实现市-区系统联网，真正达到信息共享，提供工作效率，将太原市城市规划管理办公自动化提升至一个新的水平。

主 要 参 考 文 献

1. 梁军．新技术应用对城市规划管理的影响及对策．中国城市规划管理，1997年，第1期

2. 北京建设数字科技有限责任公司．规管2000蓝皮书．2000年

3. 北京建设数字科技有限责任公司．规管2000办公系统手册．2000年

4. 赖明主编．数字城市导论．北京：中国建筑工业出版社．2001年9月

编写组成员简介

梁松：北京建设数字科技有限责任公司，计算机工程师，长期从事GIS系统的开发、实施和培训工作。尤其擅长对规划管理信息系统的应用和开发。

阮勇：北京建设数字科技有限责任公司，计算机工程师，从事规划管理信息系统的应用和开发。

林串红：北京建设数字科技有限责任公司，计算机工程师，从事城市规划管理信息系统的应用和开发。

参编单位简介

北京建设数字科技有限责任公司（原建设电子）于 1992 年由建设部信息中心创立。过去的十几年，公司在各方面均取得了长足的发展，现已成为经双软认证的高新技术企业，国家重点科技成果项目推广依托单位、国家火炬计划项目实施单位、建设部数字城市软件产业化研发与生产示范基地。

公司成功地实现了第一步战略目标：成为数字城市核心应用软件服务供应企业。我们参加了建设部《城市基础地理信息系统技术规范》、国家重点攻关计划项目《城市基础空间信息共享标准》、《全国规划监督管理系统技术规范》、《风景名胜区监督管理系统技术规范》等与数字城市建设直接相关的一系列标准规范的工作。同时将标准成果融入到《城市规划管理信息系统（规管 2000）》、《城市房地产管理信息系统（房管 2000）》、《城市基础地理信息系统（基础 2000）》、《城市建设综合决策管理信息系统（决策 2000）》、《全国规划监督管理信息系统》和《风景名胜区监督管理信息系统》等数字城市核心应用软件中，这些系统在近百个城市的数字化工程建设中得到了成功的应用。

公司现在正在实现第二步战略目标：成为建设行业电子政务服务企业。我们已经将业务推进到城市规划、房地产、城市建设、勘察设计、建筑施工等行业的电子政务系统建设和服务中。我们参加了建设部《国家级风景区监管系统》和《全国城市规划监管系统》项目、建设部《电子政务信息系统总体规划方案》编制等电子政务基础和试点工作。目前，公司为建设行业已经提供了《全国房地产信用档案管理系统》、《全国城市规划监管系统》、《国家级重点风景名胜区监管系统》、《全国建筑业发展研究信息系统》、《全国工程咨询设计业信息系统》等电子政务系列化软件产品，普及到建设领域五大行业的用户 5 万余家，成为建设行业用户最多、规模最大的电子政务软件及服务提供企业。